Design and Hand-drawing Series

设计与手绘丛书

景观设计手绘效果图

李明同 杨 明 著

手绘·意
Hand-drawing

辽宁美术出版社

图书在版编目（ＣＩＰ）数据

景观设计手绘效果图／李明同等著. －－ 沈阳：
辽宁美术出版社，2014.5（2015.3重印）
（设计与手绘丛书）
ISBN 978－7－5314－6085－5

Ⅰ．①景…　Ⅱ．①李…　Ⅲ．①景观设计－绘画技法
Ⅳ．①TU986.2

中国版本图书馆CIP数据核字(2014)第084012号

出 版 者：辽宁美术出版社
地　　址：沈阳市和平区民族北街29号　邮编：110001
发 行 者：辽宁美术出版社
印 刷 者：沈阳市鑫四方印刷印刷包装有限公司
开　　本：889mm×1194mm　1/16
印　　张：10.5
字　　数：170千字
出版时间：2014年5月第1版
印刷时间：2015年3月第2次印刷
责任编辑：肇　齐　王　楠
封面设计：范文南　洪小冬
版式设计：周雅琴　肇　齐
技术编辑：鲁　浪
责任校对：李　昂
ISBN 978－7－5314－6085－5
定　　价：65.00元

邮购部电话：024-83833008
E-mail:lnmscbs@163.com
http://www.lnmscbs.com
图书如有印装质量问题请与出版部联系调换
出版部电话：024-23835227

前言

　　景观设计是一门建立在广泛的自然科学和人文与艺术学科基础上的应用学科，研究的是我们生存环境的实际问题，是生存的艺术。而在景观设计中，景观手绘是景观设计师必须掌握的设计语言，它能充分体现出设计师的想象力和创造力，设计师用手绘的形式将自己瞬间的灵感、抽象的思维和构思记录下来，往往成为一个优秀设计方案的关键。

　　由于景观设计内容庞大、繁杂，它涵盖了景观绿化、景观建筑、景观小品、景观设施设计等多项设计要素，所以就决定了景观设计手绘的学习内容。本书根据景观设计的内容，结合我国景观设计专业的特点，站在教与学的特殊视角，对景观设计手绘的常用技法进行了全面的研究与解析。本书每一章节都有理论讲解和范图示例，图文并茂，力争具有高校教材的科学性、系统性、实用性、创新性等特点，全书分别从景观设计手绘的基础篇、景观设计手绘的透视原理、景观设计手绘的写生练习、景观设计手绘的表现形式、景观设计手绘的色彩篇、景观设计手绘的赏析等六个章节全面地进行了阐述。不同于其他的专业书之处是本书以钢笔手绘为基础兼以色彩的表现形式进行了研究。我们知道钢笔手绘快捷有效的表现特点，更受设计师的青睐，通过钢笔线条表现和色彩表现的结合，设计师可以达到收集设计素材的目的和记录最初的设计灵感，从中也能提高设计师自身的艺术修养。为此本书对钢笔单线表现、钢笔彩色铅笔表现、钢笔马克笔表现、钢笔水彩表现等多种常用技法进行了研究。希望书中的内容能为从事景观设计的专业人士、设计师、高校学生提供一些有力的参考。

　　本书在写作过程中，得到了中国美术学院夏克梁老师、青岛大学矫克华老师的大力支持，在此表示衷心的感谢！

　　本书的作品大部分是作者近几年在教学过程中给学生示范的手稿，还有部分作品来自中国美术学院的夏克梁老师和青岛大学的矫克华老师近期在国内有影响的佳作，以供朋友们欣赏和交流，由于写作时间仓促，加之本人水平所限，疏漏不当之处敬请专家和读者朋友批评指正。

李明同

目录

06

08

12

第一章　景观设计手绘的基础篇

第一章　景观设计手绘的基础篇

第一节　景观设计手绘的作用与意义

随着时代的发展，人类文明的进步，人类对于自身生活环境的改善要求越来越高。人类对于这种美好生活环境的向往与追求，使景观设计学科逐步得到重视并发展起来，它为改善人们的室内外生活环境作出了巨大的贡献，它不仅解决了人们对建筑外部空间环境的使用要求，同时提升至人们对建筑外部空间环境的精神需求。景观设计专业的这种重要性，必然就会对从事景观设计专业的艺术家和设计师提出更高的要求，这就需要他们总能够站在景观设计的最前沿，掌握最新的设计动向，以创作出更好的作品来。

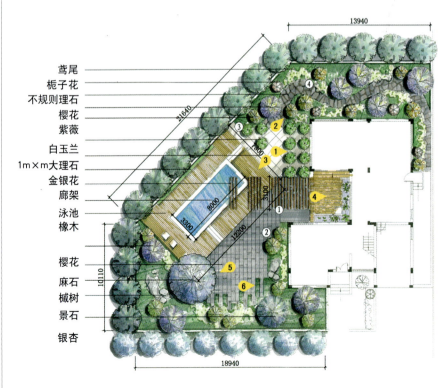

鸢尾
栀子花
不规则理石
樱花
紫薇
白玉兰
1m×m大理石
金银花
廊架
泳池
橡木

樱花
麻石
槭树
景石
银杏

设计手绘是艺术家与设计师创作灵感记录的最佳方法，也是必须具备的基本技能，在景观设计与表达的思维创作过程中徒手表现具有积极的意义。我们知道，手绘表现图与电脑效果图都是艺术家与设计师设计理念表达的语言，两者在表现方面各有所长：电脑效果图表现逼真，它能模拟真实的现实空间效果，特别是后期的渲染功能，可以真实地再现设计师所要表达的设计意图，使设计师与甲方在工程设计交流方面更为直观顺畅。手绘表现图生动概括，能够瞬间把握设计师的创作灵感，在第一时间记录设计师的设计意图。还能直接形成设计思维与设计形式之间的对话，更准确地表达设计师的构思，这种手绘表现方法贯穿在设计过程中的各个阶段，根据不同的阶段绘制不同深度的手绘效果图，好的手绘效果图还可以作为工程图进行方案汇报或方案施工。

设计手绘表现是为专业设计服务，是设计专业课程必须训练的一门技能课，是把美术技能与设计思维作用于艺术设计领域中各个专业设计的设计表现阶段，它可以将设计对象分解为有尺度的三视表现图（平面图、立面图、剖面图），也可以将设计作品的预期成果通过具有三维立体感的透视效果图表现出来，使设计者的创作思维与设计意图得以生动全面的表达。

手绘表现不仅满足了设计的需要，同时它可以提升设计者的艺术审美能力、空间思维能力，并能激发设计师的创作灵感，陶冶设计师的设计情趣与灵性，展示设计师的艺术修养。所以我认为一幅优秀的手绘设计效果图也同样是一幅优秀的艺术作品，所以手绘设计图具有重要的实用价值与艺术价值，值得我们去探索，去研习。

花架立面大样图1∶25

第二节　景观设计手绘的工具

设计手绘运用的工具种类很多，且不同的工具有着不同的表现性能，体现着不同的表现方式。在景观设计中根据工具的不同其表现方式大致可以分为以下几种形式：钢笔表现、彩色铅笔表现、马克笔表现、水彩表现、水粉表现、喷笔表现、综合技法表现等。具体的工具分类包括纸张类、笔类、颜料类、辅助工具类等。

我们知道优秀的设计表现图离不开作者的绘画基础修养和好的表现工具，两者相辅相成，缺一不可。介于这一点，现将手绘工具做一简单的介绍：

一、纸张类

根据其密度、质地、厚度与性能可以分为复印纸、描图纸、绘图纸、素描纸、水彩纸、水粉纸、卡纸、宣纸、色纸等。

复印纸：质地薄、表面较光滑，而且价格便宜，常用的有A3、A4、B5，适合书写字体与钢笔手绘，是勾画设计草图的理想纸张。

描图纸：质地坚硬、半透明、常做工程图纸的打印、拷贝、晒图用，适合与针管笔和马克笔。

绘图纸：绘图纸的含胶量大，质地细密、厚实，表面光滑，吸水能力差，适宜马克笔作画。更适宜墨线设计图，着墨后线条光挺、流畅、墨色黑。

素描纸：纸质好，表面粗糙，吸水性较好，适宜与铅笔或彩色铅笔作画。不太适宜钢笔与针管笔作画，由于素描纸吸水性好，墨线容易散开。由于纸面粗糙，针管笔用笔不够流畅，墨线不够均匀。

水彩纸：质地厚实，含胶量大，表面纹理较粗，蓄水力强，颜色不易渗透，适宜于色彩渲染的水彩画法，也适宜于铅笔（彩铅笔）或水粉画法，纸的背面较光滑，也适宜钢笔与马克笔作画。

水粉纸：水粉纸纸面粗糙，吸水性强，但不耐擦改，适宜于铅笔和水粉颜料作画，不适宜与钢笔、针管笔作画，同素描纸的性能相近。

卡纸、色纸：卡纸、色纸种类较多，质地也各有不同，有细密的，耐水性能强的，也有粗糙，耐水性能差的，这类纸张不适宜与水彩、水粉作画，但适宜于马克笔、钢笔、彩色铅笔作画，由于这类纸张有一定的底色，所以作画时根据设计内容的属性选择合适底色的纸张。

宣纸：宣纸有两种，生宣、熟宣。生宣：吸水性极强，遇水容易散开，吸墨，墨色韵味较足，且富有变化，往往能产生意想不到的效果。熟宣：吸水性能弱，遇水不散，适合工笔画渲染。这两种纸都属于中国画的专用纸，质地柔软，不宜擦改，适合毛笔作画。

二、笔类

根据笔的性能可以简单地分为无色类、黑色墨线类、彩色类。

1．无色类：水彩笔、油画笔、毛笔、排刷、喷笔。

水彩笔、油画笔、毛笔、排刷，这类笔笔头以羊毫、猪鬃、狼毫制成，柔软有弹性，蓄水量大，根据笔头的宽窄、粗细制成不同的型号，大型号可用来打底和大面积着色，小型号可以勾勒线条和细部描绘，使用时可以借鉴中国画的用笔方法，譬如中锋、侧锋、逆锋等。运用不同的笔法会产生不同的效果。

喷笔：这样的工具在20世纪90年代初盛行，介于电脑手绘的前期，需配合空气压缩机使用，可根据作画需要调整喷笔的口径，与电脑软件Photoshop里的喷枪工具性能一样，喷出的颜色呈雾状且过渡均匀，可重复叠加，绘制的效果图颜色干净饱和，形态逼真，在当时非常的流行。目前因喷笔格较高，携带不方便且有了电脑绘图工具，所以喷笔很少被使用。

黑色墨线类：钢笔、美工笔、针管笔、含墨水的一次性笔（中性笔）、铅笔。

钢笔线条流畅而挺拔，线条均匀有弹性，但缺少变化。美工笔是把笔尖加工成弯曲状的笔，由于笔尖可粗可细，有侧锋、逆锋、中锋等多种笔法，因而线条变化丰富。针管笔、一次性的墨水笔所给出的线条，连绵不断、生动活泼，犹如春蚕吐丝。铅笔分为HB、H或B系列，颜色可深可浅，宜擦改，是绘图起稿常用工具。适宜于素描和铅笔与淡彩结合的表现。这几种笔携带方便，宜书写宜作画，方便快捷，是设计师画速写和设计草图理想的工具。

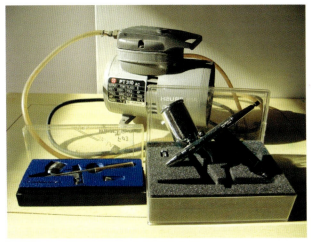

景观设计手绘的工具

- 纸张类
- 笔类
- 辅助工具类

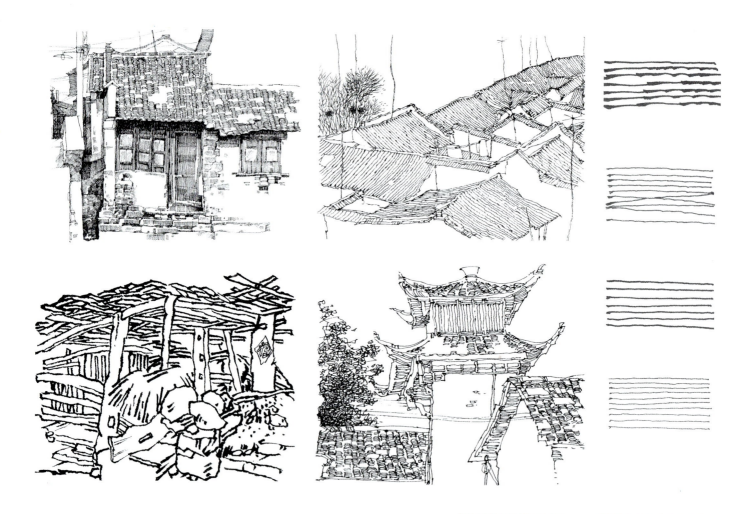

2. 彩色类：彩色铅笔、马克笔、油画棒、色粉笔。

彩色铅笔有普通型（油性）和水溶性，普通型蜡质较重，不溶于水，着色力弱，进口的水溶性彩色铅笔，着色力强，溶于水。涂色后在其表面用清水轻轻涂抹会呈示出水彩画的意味。马克笔通常分为油性和水性两种，颜色种类较多，其笔头有尖形与扁形。油性马克笔的色彩饱和度高，挥发较快，色彩干后颜色稳定，经得住多次的覆盖与修改。而水性马克笔干后颜色容易变浅，覆盖后容易变污浊，适宜一次性完成。在作画时应选择表面较为光滑的纸张。油画棒、色粉笔这类笔笔头较粗没有定性，适宜大幅作品的描绘。油画棒排水性强，画在纸上不易脱落。色粉笔排水性弱，色为粉末状，易脱落，画完必须喷罩定画液或固定剂，这两种笔在效果图表现中用的概率比较低，在这作为一般了解就可。

颜料类：颜料的种类很多，在这里只介绍手绘效果图中最常用的有水粉颜料、水彩颜料、透明水色颜料、丙烯颜料等。

水粉颜料色又称广告色和宣传色，颜色覆盖力强，色彩饱和透明度弱，适合较大的画面，这种颜料作画不宜太厚，太厚容易干裂脱落。水彩颜料、透明水色颜料是效果图最为常用的两种颜料，这两种颜料色彩艳丽，细腻自然，透明性高，适宜颜色叠加，与水相溶解具有酣畅淋漓意想不到的效果，在表现技法中常用在钢笔淡彩或铅笔淡彩。丙烯颜料属于快干类颜料，有专门的调和剂，也可以用水调和。丙烯颜色也可以薄画，薄画有水彩意味；也可以厚画，厚画有水粉和油画意味。由于其颜色适宜于不同的调和剂，所以在绘图时颜色性能难以把握，要经过大量的实践，才能灵活地掌握并运用。

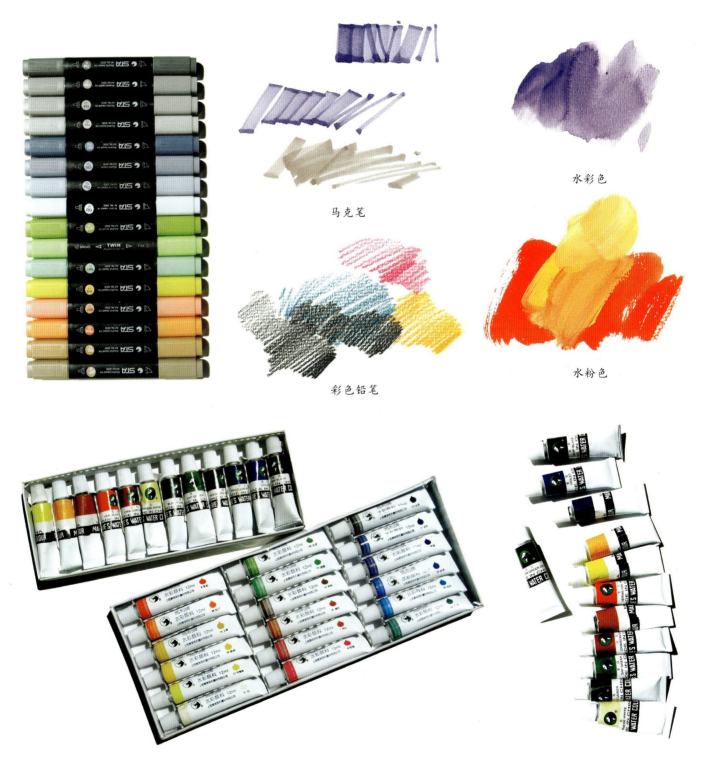

水彩色

马克笔

彩色铅笔

水粉色

景观设计手绘的工具

- 纸张类
- 笔类
- 辅助工具类

景观设计手绘的色彩基础

- 色彩的基本原理
- 色彩的情感属性
- 景观色彩的构成要素

三、辅助工具类手绘表现图的常用辅助工具有图板和各种类型的尺子。

图板有不同的型号，最常用的有0号图板（1200mm×900mm）、1号图板（900mm×600mm）、2号图板（600mm×450mm）。绘图时选用木质细腻、表面平整光洁的图板为宜。常用的尺子有一字尺（带滑轮）、丁字尺、直尺、三角板、曲线尺、蛇形尺、界尺、比例尺、模板、圆规等，这几种工具用法简单，容易掌握，在这里就不再对每一种尺子做详细介绍。只需说明一点，画墨线是尺子的坡面朝下，可以避免着墨时墨色沿着尺边流溢。

第三节　景观设计手绘的色彩基础

大千世界都是有颜色的，我们的设计对象也离不开颜色，物体表面的色泽、质感、肌理也都是通过颜色表现出来，这就要求我们对色彩的属性、色彩的要素、色彩的情感等知识进行系统的了解，为今后的色彩设计作重要的铺垫。在景观设计中，植物花卉的设计、道路铺装的设计、喷泉水景的设计、庭院灯光的设计、建筑外墙的设计等都离不开色彩关系，设计师是通过运用色彩的规律进行设计的。在景观设计中，是靠色彩手绘来表现设计对象的材质、质感的，所以色彩的掌握对于手绘至关重要，在这里主要介绍色彩三个方面：色彩的基本原理、色彩的情感属性、色彩的构成要素。

一、色彩的基本原理

1. 固有色　光源色　环境色

（1）固有色

固有色是物体在自然光下所呈现出来的基本的颜色属性，比如红色的花朵、绿色的树叶、蓝天白云、黑色的头发、白色的雪花等，实际上我们所见到的物体的固有色是光照在物体上所发生的物理现象，太阳光照在物体上，一部分光会被物体反射出去，一部分光会被物体吸收，我们所看到的物体的固有颜色是物体反射出来的那部分颜色。

（2）光源色

光源色是指照射物体的光源的光色。有白光、红光、橙色光、黄色光、绿光、青色光、蓝色光、紫色光等，比如太阳光一般是呈白色，清晨呈偏冷的红色，黄昏时呈偏暖的金黄色，月光呈青绿色，日光灯呈冷白色，白炽灯呈橙黄色等。同一种颜色的物体在不同的光源色的影响下物体所呈现出的色彩也不同。

（3）环境色

物体与物体放置在一起就会构成一种环境，在光源的照射下物体与物体之间就会发生光与色的相互反射现象，环境所呈现的颜色叫做环境色。白色的建筑物背光部分就会受天光的影响呈冷青色，受绿色树木的影响就会呈灰绿色，白色的花瓶暗部受

环境色

光源色

固有色

三棱镜分光原理

红色的背景影响呈暗粉红色，等等，都是环境色。同一环境的物体与物体，距离较近的物体之间，环境色明显，较远的物体环境色相对较弱，这是由于不同颜色的光波的长短因素造成的。

通过以上的理论表明，做设计的时候应该考虑设计对象的固有色、光源色、环境色，三者应该联系起来统筹规划，多观察、多思考，切实弄清楚设计对象所需要的色彩条件和成因，只有这样才能在设计实践中灵活地运用色彩。

2．色的混合

牛顿通过实验将太阳光色分解为红、橙、黄、绿、青、蓝、紫七种色光，这七种色混合一起又产生白光。色光的混合和颜料的混合是不同的：色光混合又称加色法混合，混合后颜色会变亮。色光的三原色是：红、绿、蓝。颜料混合又称减色法混合，混合后颜色会变深。颜料的三原色是：红、黄、蓝。所谓的三原色，是指这三色中的任意一色都不能由另外两种颜料混合产生，而其他色可由原色按一定比例混合出来，这三个独立的色称为三原色。两种不同的原色相混合产生的另一个色称第二次色，也叫有间色。将一个间色与一个原色相混合，或两个间色相混合所得的另一个色，则称第三次色，也称复色。由于复色的混合次数增多，颜色就变灰，红灰、蓝灰、黄灰等均是复色。

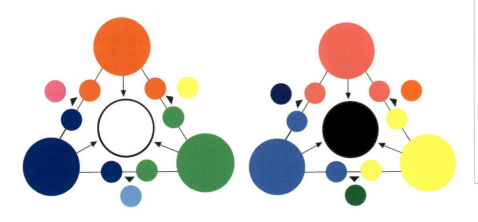

光的三原色（加色混合）　　色料的三原色（减色混合）

- 色彩的基本原理
- 色彩的情感属性
- 景观色彩的构成要素

3. 色彩的三要素

无彩色与有彩色

色彩可以分为无彩色和有彩色两大部分，无彩色是黑色、白色及黑色与白色按不同比例混合而成的灰色系列。简称黑、白、灰。无彩色系只有明度属性，它们不具备色相和纯度。有彩色是指可见光谱中的红、橙、黄、绿、青、蓝、紫七种基本色，色与色按不同的比例可以调出五颜六色的颜色。彩色系具有三个特征（三要素）：色相、纯度、明度。

色相：即色彩的相貌和特征。它是色彩的最大特征。是指能够比较确切地表示某种颜色的名称。如红色、橙色、黄色、绿色、青灰色、蓝灰色、蓝紫色等。

明度：指色彩的明亮程度。颜色有深浅、明暗、浓淡的变化。比如，深黄、中黄、淡黄；深灰、中灰、淡灰等这些颜色在明暗、深浅上有着不同变化——明度变化。

纯度：指色彩的纯净程度，也叫饱和度。它表示颜色中所含有色成分的比例，原色是纯度最高的色彩。颜色混合的次数越多，纯度越低。

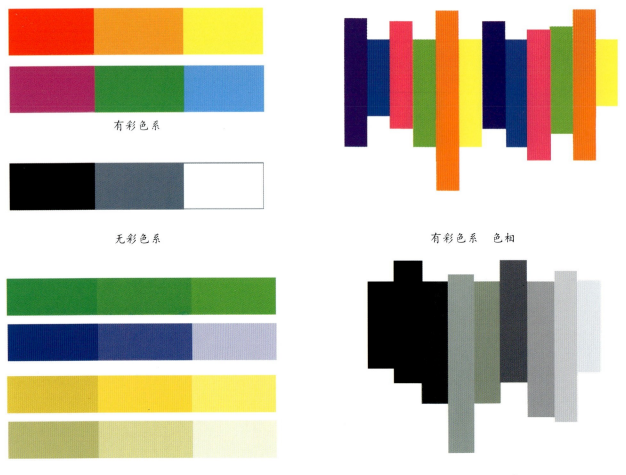

有彩色系

无彩色系

有彩色系　色相

有彩色系　纯度、明度

无彩色系　明度

二、色彩的情感属性

　　我们生活的环境是一个色彩缤纷的世界，绿色的树木、蓝色的天空、红色的国旗、黄色的花朵等都给我们留下深刻的印象。生活中婚庆、节日的红色给人喜庆的象征，白色给人洁净、纯洁的象征，黑色给人以黑夜、恐惧、黑暗的象征，绿色给人以平和、稳重、生命力的象征，等等。大量事实证明，不同的色彩能对人们产生不同的心理和生理作用，并且以人们的年龄、性别、经历、民族和所处环境等不同而有差别。因此，景观设计、建筑设计、室内设计、平面设计等都应当充分考虑不同感觉的色彩的抽象表现性，使色彩能更好地反设计，使设计为人服务。

红、橙、黄

蓝、青、紫

1．色彩的冷暖感

　　色相环上我们可以清楚地看到色彩有暖色系与冷色系，通常把红、橙、黄看做暖色系，把青、蓝、紫看做冷色系，暖色易于联想为火焰、烈日、温暖之感；冷色易于联想为阴天、冰雪、冰水、大海、有清凉之感；冷色刺激较弱，恬静、冷静、安静。暖色刺激强烈，热烈、兴奋、活跃。在无彩色系中，白色偏冷，黑色偏暖。

色彩的冷暖感

2．色彩的轻重感

色彩的轻重感取决于色彩的明度。一般明度高、色相偏冷的色彩感觉较轻；明度低、色相暖的色彩感觉重，其中黑色最重，白色最轻。明度相同，纯度高的色感轻，纯度低的色彩感重，而冷色又比暖色显得轻。

3．色彩的距离感

色彩的距离感主要取决于色彩的明度和色相，一般是暖色系近，冷色系远；明度高的色彩近，明度暗的色彩远；纯度高的色彩近，纯度低的色彩远；对比强烈的色近，对比微弱的色远。掌握色彩的冷暖感可以处理好主题色彩与背景色彩的关系。

色彩的轻重感

色彩的距离感 张芸

色彩的距离感练习

色彩的轻重感练习

4．色彩的味觉感

色彩能引起人的味觉感，一般说来，红、黄、白具有甜味，例如苹果、桃子等；绿、黄绿色具有酸味，绿葡萄、杏子等；黑色、褐色、土黄具有苦味，如中药片、草药汁等；白、黄、米黄具有奶香味，如蛋糕、面包等；红、绿、红绿具有辣味，如辣椒、辣酱等。不同颜色能引起人不同的味觉感，在设计作品时应该加以重视。色彩的味觉感突出表现在食品包装设计上，采用相应色彩的包装，取得好的效果，能激起消费者的购买欲望。

5．色彩的华贵质朴感

纯度和明度较高的鲜明色，如红、橙、黄等具有较强的华丽感，而纯度和明度较低的沉着色，如蓝、蓝灰、绿、绿灰等显得质朴素雅。例如古代帝王服装与布衣平民的服装就是华贵与质朴颜色的象征。有彩色系的颜色显得华丽，无彩色系的颜色显得朴素。例如红、黄、蓝、绿色显得华丽；黑、白、灰色显得质朴，等等。

色彩的上述感情作用设计师必须敏感，要掌握每一种色彩的情感属性，这对于建筑设计、景观设计、规划设计、室内设计、平面设计、其他艺术设计等有着非常重要的作用。

三、景观色彩的构成要素

景观色彩的构成要素主要体现在两方面：自然环境色彩要素与社会环境色彩要素，自然环境色彩要素包括天地、山川河流、地貌、花草、树木等；社会环境色彩要素包括建筑物、设施、道路、硬地、艺术小品等。

1．自然环境色彩

自然环境色彩是指自然物质所表现出来的颜色，在园林景观中表现为天空、石材、水体、植物的色彩。自然环境色是非恒定的色彩因素，会随季节和气候的变化而变化，比如同样一棵树在春、夏、秋、冬四个季节里所体现的颜色各不相同。不同地区的自然环境色也有着极大的差别。如南方地区雨水多，空气温湿度高，树木花草种类繁多，环境色彩偏绿，而北方地区冬季时间长，温度低，冬天树木落叶后环境色彩显然与南方地区不一样，环境色彩偏土黄色。因为这几点，景观环境设计首先要把自然环境的种种方面进行分析研究，充分而合理地利用自然环境色彩因素，与社会环境色彩协调一致，从而达到理想的色彩效果。例如我国的园林设计强调与自然的和谐，强调天人合一的境界。

景观设计手绘的色彩基础

- 色彩的基本原理
- 色彩的情感属性
- 景观色彩的构成要素

2．社会环境色彩

建筑物、设施、道路、硬地、艺术小品等构成了社会环境色彩。

（1）建筑色彩

城市空间多是由建筑物围合而形成的，所以建筑色彩对社会环境的影响尤其突出。建筑不管使用什么样的材料，其外形都具有某种色彩倾向，有着某种情感表达。建筑色彩运用是否和谐，会关系到建筑与环境的艺术表现力。所以，把握建筑的色彩关系往往是掌握空间环境整体的关键。

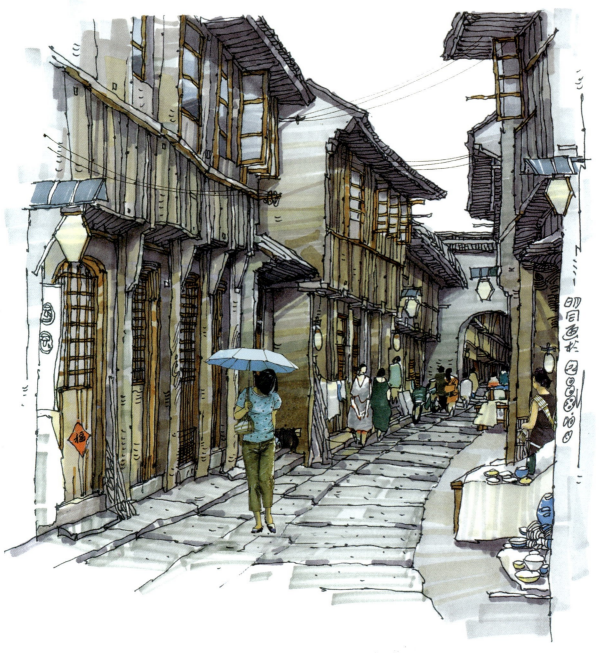

Li Ning Yong
2010.Z.00

景观设计手绘的色彩基础

- 色彩的基本原理
- 色彩的情感属性
- 景观色彩的构成要素

（2）设施色彩

设施是指室外的家具、如座椅、报刊亭、宣传栏、电话亭、灯具、栏杆、垃圾筒、指示标牌等。虽说在社会环境色彩中所占面积、比例不如建筑，但也是不可忽视的因素。在色彩的运用上常常使用比较亮丽的色彩，以便引起行人的注意，满足不同功能性质的使用目的，有着招引传达指示的作用。

（3）道路与硬地色彩

道路与硬地是外部环境中不可缺少的元素，使用不同材料可以形成不同的肌理和色彩变化。比如人行道、盲人路、车行道等材质的颜色与质地也各不相同，一般来讲，像沥青、混凝土路面的色彩灰暗，而汽车的通道，海水冲刷的卵石、板岩、彩色陶瓷砖等给人以亲切感，给人带来某种情趣。许多广场、园林等空间里常常用这种材料和色彩来增加空间的变化和整体性。

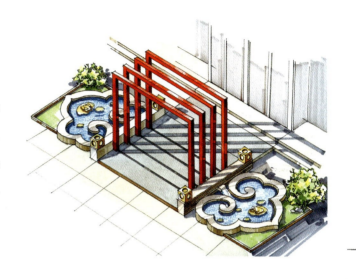

（4）艺术小品

艺术小品也是构成城市环境色彩的主要因素，其色彩往往鲜艳夺目，颜色与周围环境对比强烈，起到了表现意境、点缀空间色彩的效果。艺术小品主要放置在城市广场、公共活动中心、漫步路边、城市公园、园林、大型的室内空间等场所。对于艺术小品颜色的设计一定要考虑周围环境的色彩关系，做到既有对比，又与周围环境色彩相和谐。

第二章 景观设计手绘的写生练习

第二章　景观设计手绘的写生练习

第一节　写生练习的作用与意义

写生是艺术家与设计师对客观世界的认识、提炼、概括后在作品中的物化形态。照相机可以在千分之一秒中迅速摄取物象，但与写生瞬间捕捉的感受是截然不同的，前者是获取包罗万象充实画面，后者是表达作者最强烈感受，捕捉的是最本质、最传神的画面，因而也是最能打动观众的那一部分。

生活是创作的源泉，离开生活搞创作更多的是空谈。凭着"灵感"或依靠资料照片，即使组成"架构"，其作品不是单薄就是苍白，是经不住推敲的，所以写生把作者引入生活和自然中，培养作者的观察能力，同时为作者积累丰富的创作素材，激发作者在直觉感悟的引导下，迅速记录瞬间即逝的美的感觉，在写生中吸收有益的结构和节点，从而升华提炼为设计创作的灵感。

写生不仅是收集素材、记录生活的一种手段，而且是绘画领域中独特的一种形式，它那大胆而富有节奏的行笔，简练而流畅的线条，强烈而饱满的激情……都可以把观众带到无限深邃的意境中去得到美的享受。写生的过程也是一种理解的过程，写生中记录的生活场景，可以说是生活中的一页日记，随时激发设计师的创作灵感。我国当代著名建筑家梁思成、吴良镛、齐康等先生，一直坚持画写生，他们的许多优秀速写都是我们学习的典范。

写生可以提高设计师、画家的整体素质，所谓刀越磨越快，脑越用越灵，手越练越巧。而这里所说的提高设计师的整体素质不仅仅是指手上的表现能力，随着表现能力的提高，毫无疑问，设计师的审美能力得到了提高。这种能力的提高是所有设计师都希望乃至努力追求的。写生能给我们带来这样的训练机会，我们有什么理由不重视呢？

建筑与环境写生对于设计师而言具有重要的意义，它可以从生活的实际场景中记录设计元素。比如：建筑设计的构造形式及节点，景观设计的构造形式及节点，规划设计的布局及节点，室内设计的构造形式及节点等。这些都离不开建筑与环境写生。

建筑与环境写生作品还具有很强的功能性，即直观性、说明性、快捷性。它除了体现对实际场景的直观表达外，它也有训练设计师敏锐思维和想象能力的功能。经常画建筑与环境写生，可以使设计师头脑思维活跃，随时勾画出不同的方案进而可以训练和增强设计师展开创意思维的能力。在这里我个人比较提倡速写的写生方法，设计速写所用工具简单、表达直观、图示全面、不限场合等，是设计创意的最大优点。只有掌握速写这一简单而实用的写生表现手段，才能使我们的设计更加完美。

第二节　写生的观察方法

一、整体观察　局部入手

　　整体观察写生对象，把握住对象的大的形体结构和运动规律，不被那些无关紧要的琐碎的细节所吸引，看到的是整体而不是局部的细节，然后，大胆落笔，做到"胸有成竹"才能一气呵成，才能表现物象的重点，只要抓住了整体，抓住了物象的主要的形体节奏，也就抓住了最本质的东西。所以，训练整体观察是速写中的头等大事。

　　局部入手是整体观察后的具体实现，把从整体观察后，所产生的强烈的激情、热情感悟到的美的因素，迅速转化为速写艺术语言，笔笔准确地描绘，在描绘的同时，要始终把握第一感的整体印象，才能做到挥洒自如的概括，流畅舒展的细节刻画。

步骤四

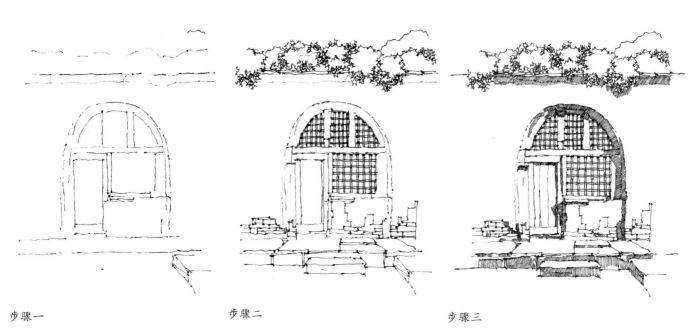

步骤一　　　　　　　　步骤二　　　　　　　　步骤三

二、概括与取舍

　　面对自然物象，繁冗复杂的场景，哪些该画哪些不该画这是初学者比较头痛的问题，他们经常是束手无策，无法下笔，所以写生时要对物象整体观察，做一番具体分析，分析哪些因素对主题有关，且最能表达出丰富的内涵，那么，我们就集中精力去描绘。面对一个场景、一个环境，不可能巨细无遗地将所有见到的东西画出来，场景及建筑物的速写要进行适当的取舍，以自己想要画的对象为主体，凡是与主题无关且画完后，影响画面效果的东西我们要大胆地删减，做到画面需要哪些元素，我们就从大自然去索取有关元素，把这些有关的美的元素，描绘在图纸上，为画面的主题服务。使画面达到近、中、远景层次分明，主宾关系清楚，画面上各物象组合协调的效果。毫无删减所谓照相机的翻版，看到什么画什么，无目的的机械的描绘，会使画面苍白无力，也不能打动观众。古人云："惜墨如金"、"笔不到意到"、"以一当十"、"以少胜多"就是这个道理。下图就是面对场景，根据画面的需要进行适当的取舍后而完成的作品。

三、对比

在写生时，要仔细观察自然景物中的各个因素：天空、地面、建筑、树木、山水以及人物，明确所要表达的主题内容，然后进行各因素的比较，在心里进行因素对比。比如面积对比、虚实对比、主次对比、明暗对比、线条的疏密对比、色彩对比等。它是观察方法的重要形式因素，是体现画面艺术趣味的重要手段，没有对比，绘画、设计作品就缺乏感染力，缺乏张力。

写生的观察方法

- 整体观察　局部入手
- 概括与取舍
- 对比

1. 面积对比

面对写生物象，首先要考虑所描绘的主要对象与次要对象在作品画面中的比例关系，主要对象要占主要面积，要大于次要对象的次要面积。天空与地面场景的面积不能均等，若以表现天空为主，那么天空面积就要大于地面场景面积；若以表现地面场景为主，那么天空面积就要小于地面场景面积。这样才会产生对比，画面才会生动。

2．虚实对比

在绘画中，空间的远近往往靠空间透视或虚实来表现，近实远虚就是画面中的主体物，近景应该画得写实些，次要物和中景应画得比近景虚些，远景物要画得比中景物虚些，当然空间的虚实关系不是绝对的，前实后虚或前虚后实以及前景虚、中景实、远景再虚。这些虚实对比要根据画家、设计师的主观意志来决定，没有固定的结构模式。在明暗光影画法、线条与明暗光影结合画法中，虚实对比相对容易掌握。在单线画法中，空间的虚实主要靠透视关系或线条的粗细、长短、疏密来解决。

　　此景观手绘作品运用了虚实对比的手法，描绘的是澳大利亚墨尔本火车站的实际场景，道路两侧是商业店铺，人流较多，热闹纷杂。作画时要考虑此场景的众多因素，进行合理的取舍。画面中的主体建筑放在了中景，画得实，近景的人物采用白描剪影的轮廓画法，画得相对虚一些，远处的建筑群画得比中景主题建筑还要虚，这样画面就形成了，近景虚、中景实、远景再虚的空间关系，增强了画面的空间感、节奏感、韵律感。

3. 疏密对比

疏密对比是单线线条画法表现空间的重要手段之一，我们知道线条本身变化多端。它可以长，可以短；可以粗，可以细；可以刚，可以柔；可以曲，可以直。线条本身就可以表现人的内在情绪的波动，表现感情活动的痕迹。线条经过组织、构成后，有疏有密，就更具有表现力。疏密对比往往表现在空间物象的节奏、韵律、虚实方面。一幅画的疏密对比主要体现在对物体的疏密组合，线条和色块的疏密分布上（疏密对比、明暗对比）。

写生的观察方法

- 整体观察　局部入手
- 概括与取舍
- 对比

4．明暗对比

明暗对比把握得是否恰当是一幅艺术作品成功与否的关键。比如黑、白、灰色块在画面上的位置关系以及所占面积的大小，要根据构图的需要加以主观的处理。在写生时，要客观地观察空间场景里的物象色调，通过自己的理解进行理性的分析，并按照美学法则、美的规律进行主观的调子排队，分析出要描绘景物的黑、白、灰关系，主次关系，虚实关系。

5．色彩对比

色彩的对比主要包括：色相对比、明度对比和纯度对比。

色相对比是指两种不同的颜色并置在一起所呈现出的面貌的差异。色相环中所表现出的色彩对比，临近色的对比较弱，互补色的对比强烈，比如黄与橙对比较弱，红与绿对比强烈。由于色彩的物理属性不同，从而给人以视觉的刺激而产生了心理上不同的感觉，比如色彩的冷暖感、距离感。画面中有了冷暖对比，景物空间才能真正地表现出来。

明度对比是指色彩的明亮程度的对比，两色并置会产生色彩的深浅对比，比如褐色明度低，黄色明度高，在景观写生中要考虑这一点，适当加深或提高某些物体的颜色的明度，这样才能使画面对比强烈，主题鲜明。如果景物颜色的明度过于接近，

就会造成画面空间感不强，前后空间深度拉不开，造成画面平淡灰闷的感觉。

纯度对比是指色彩饱和度的对比，纯度不同的两块颜色并置，会产生视觉上强烈的反差。色彩纯度高给人亮丽、鲜活、跳跃的感觉，色彩纯度低给人沉闷、灰暗、内敛的感觉。往往画面近景或者主题物其色彩纯度相对高，远景或次要物其色彩纯度相对较低。写生中要充分运用好这种对比，以增强画面的层次感。

当然，以上这些方法，在写生观察中不是孤立地运用，而是相互联系、相互依存、密不可分，是客观与主观、感性与理性的结合。

第三节　写生的取景与构图

　　风景写生的取景与构图是作品中最重要的因素，是关系到作品成败的关键。中国画所谓的"经营位置"，往往说一幅好的构图要"惨淡经营"可见构图的重要。一幅习作通过取景或构图，就能看出作者的艺术素养。

一、风景写生的取景

　　大自然五彩缤纷，无处不美。然而初画风景速写者往往无从下笔，常有两种困惑，一是不知该画什么，二是什么都想画，却不知如何取景，这就需要先训练我们的眼睛。要经常走进大自然中去观察、去感受，要善于在纷繁复杂的自然景观中抓住那最动人的场面，抓住能表现自然景观及画家情感的最为主要的部分，还要舍弃那些无关紧要的因素。罗丹曾说："生活中并不缺少美，只是缺少发现美的眼睛。"同样一个景，不同人观察有不同的生活感受；同样一个景，同一个人在不同的位置就有不同的美感体验；所以，培养一双审美的眼睛，是画好风景速写的基本保证。画家只有首先感受到美，才可能激起去表现它的欲望，也才可能通过立意、取景、构图，刻画成为一幅优秀的风景绘画作品。

写生的取景与构图

- 风景写生的取景
- 风景写生的构图

　　取景就是选取描绘景物的范围。古人说："远取其势，近取其质"。通过对所取景物进行有序的排列组合，从整体到局部。哪些是有用的，哪些该舍弃，哪些该重点刻画，哪些该概括处理，哪些元素最能表达意向主题等。

　　有的时候为了突出主题，可能取景范围内没有合适的元素，我们可以通过移景法，把其他地方的美的因素，移到取景范围内，进行创作式的组合描绘，使画面完整。在取景的同时，还要考虑透视规律，作画的位置，且不能不假思索匆忙作画。

建筑风景的写生与取景，我认为不是自然场景的拍摄，机械地描摹，重要的是作者主观能动的艺术表现，是画家对场景的感动。自然不等于艺术，自然是艺术创作的源泉。艺术应高于自然，也就是艺术来源于生活，且高于生活，是作者情感的升华和智慧的结晶。只有长期深入生活、体验生活，才能捕捉美的瞬间，抓取美的构图。

写生的取景与构图

- 风景写生的取景
- 风景写生的构图

运用景框取景：

对于初学者来讲，运用景框取景无疑是最好的方法。找张纸板，为其切出方口，可以根据自己画面的比例确定切口的比例，也可以用双手的拇指和食指反向相搭，构成取景框，取景时可以左右、前后移动景框，进行摄影"变焦"的方法取景，直到自己满意为止。经过多次的练习后，掌握其取景规律，最后在心中取景，这是取景的最高境界。

二、风景写生的构图

构图是一门庞大的、重要的理论体系。它是艺术家为了表现作品的主题思想和美感效果，在一定的空间,安排处理物象的关系和位置,把个别或局部的形象组成艺术的整体。在中国传统绘画中称为"章法"、"布局"。构图是指画面的组织结构,是作者把取景后的诸多因素，通过立意而合理地构筑在一起，得到一种统一完美的画面，并达到作者借以实现对作品内容和意境表现的意图。

构图常用以下几种形式：均衡式、水平式、垂直式、S 形式、三角形式、满构图等，如图例。

均衡式:画面中所描绘物象的面积、数量发生了对比，但在视觉上达到了平衡，不是绝对的平衡，是感觉上的平衡。

水平式：通常描绘的对象是广袤无边、视线开阔、地形平坦，呈水平状，如草原、沙漠、湖泊、海洋，这种画面的构图在视觉上是横向拉伸，给人以平静、稳定、视野开阔的心理感觉。

垂直式：画面中所描绘的对象高耸、直立、挺拔，在视觉上产生纵向、垂直向上动势，给人以拉伸感。如高层建筑、高树等。

均衡式构图

水平式构图

垂直式构图

S形构图

三角形构图

满构图

S形式：画面所描绘的物象呈s形曲线状，如蜿蜒的小路、河流以及曲折的山脉。这种构图给人以婉转灵活、自然流畅的感觉，画面在视觉上产生深远的空间动势。

三角式：三角式构图在静物的绘画中用得最多，在风景绘画中体现在三角形构图的倾斜度不同，会产生不同的稳定感。作画时可根据不同需要，将描绘对象布局成不同倾斜角度的三角形，造成不同三角形构图的艺术感受，给人以稳定、沉着的感觉。

满构图：主要是从画面表现的物象的面积与量的角度来理解构图。在风景写生中通常是不表现天空，画面构图饱满，内容丰富，常用来表达充满生机的主题感受。

构图的形态要服从作品内容和作者内心的感受，并根据构图形式美的法则来决定。构图的形式美的法则："横起竖破"、"竖起横破"、"个数与偶数"、"藏与露"、"疏与密"等。构图的基本原则讲究的是：均衡与对称、对比与和谐、统一。

对于构图内容的掌握，除了自己多做练习之外，还要多看别人的作品，特别是优秀的作品。不论是绘画作品还是摄影作品，多看别人的构图，琢磨别人的构图构想，还可以多看电影、电视、MTV等，都是一种直接的借鉴。

古人云，不以规矩，不成方圆。构图的基本原则就是规矩，也就是均衡与对称，对比与和谐统一。但由于创作者的艺术修养不同，观察事物的角度不同，创作出来的作品也是变化不一的。客观规律是不能违背的，但懂得规律的人却不会被其理所约束。这里指的是画家、创作者应从有法求无法，就是不能墨守成规，要有创新意识，不要受条条框框的束缚，打破约束，创作新的艺术构图，新的艺术风格。只有这样艺术作品才能做到创新，才能真正意义上的做到"青出于蓝而胜于蓝"。

写生的取景与构图

- 风景写生的取景
- 风景写生的构图

写生的方法与步骤

- 从整体出发
- 从局部入手

这幅作品就是采用满构图的构图形式，运用钢笔与彩色铅笔这两种工具，进行了详细的刻画，属于写实的画法，画面黑白对比分明、颜色典雅、古朴、空间感强，再现了实际生活场景。

第四节　写生的方法与步骤

一、从整体出发

　　从整体出发的写生方法是：首先在观察对象时，要用流动的视线去观察物象的形体、比例、动势，用笔在纸面上轻轻勾画出所要表达物象的大的轮廓，画时可用一些辅助线或虚点线，然后再根据画面的需要把一些有用的美的因素刻画进来。深入刻画时，要始终把握整体关系，要主次相应，虚实相生，动静互衬，疏密相间，这种方法，对于初学者来说非常适宜，如右图步骤一至步骤四。

二、从局部入手

　　所谓的局部入手的写生方法：是建立在对景物进行整体观察后，对物象做具体的分析，哪些要概括，哪些要取舍，把景物的个性特征和形式美感、情趣内容充分考虑进来，在心中先立意，也即在心中取景与构图，做到"胸怀全局"然后从局部入手当机立断，大胆落笔，要狠更要准。

步骤一

步骤二

步骤三

步骤四

54

第一节 黑白表现形式

61

第二节 彩色表现形式

第三章　景观设计手绘的表现形式

　　景观手绘作品的表现形式有很多种，每一种表现形式都有着各自的特点和技巧，都体现着作者对不同场景的感受。各种表现形式，都没有固定不变的程式，随着绘画工具、材料的不断改进，艺术观念和审美意识的更新，都会促使手绘表现形式的创新与演进。我认为大致可以分为两大类：黑白表现、彩色表现。黑白表现可分为单线画法、明暗光影画法、线条与明暗光影结合的画法；彩色表现可分为水粉画法、水彩画法、油画画法、丙烯画法等。当然彩色表现还有很多种，针对本书的内容需要，彩色表现这一节内容只对水粉画法、水彩画法做一简要的介绍，其他画法就不在此赘述。

第一节　黑白表现形式

一、单线画法

　　线是主要造型因素，在观察对象时，首先映入眼帘的是物象的结构特征，这些结构特征，又是通过简练明快的线条表现出来，线的抑扬顿挫、轻重缓急、长短曲直、浓淡干湿、强弱虚实等无不表达着作者的激情，线的松紧疏密、长短快慢所形成的节奏，构成了画面的韵律，从而产生了强烈的艺术感染力。

中国古代绘画创造性地丰富了线的变化。古人讲线的"十八描"是在描写各种不同质感、量感而归纳提炼的线的表现方法。对现代绘画产生了深远的影响。

西方艺术家认为：点、线是存在和运动的形象化，存在和运动是点、线的本质与内涵。在你观察客观对象时，首先要明确你所要表达的主题对象是什么，然后利用疏密、长短线的变化来表现空间和距离，用密线条衬托疏线条，以疏衬托密，以长线概括全体，以短线刻画局部，以达到形象体现客观存在的目的。如以下两幅速写作品就体现了用线规律。

黑白表现形式

- 单线画法
- 明暗光影画法
- 线条与明暗光影结合画法

画单线手绘时，如果线条画得太密或太疏，都不利于主次空间的表现。若从画面和空间的需要来组织，对线的疏密进行取舍、添加，这样才能掌握疏密，才能灵活运用疏密。在线条疏密对比的基础上，应用不同的笔法来表现客观物象，使画面丰富生动、风格多样，充分发挥线条的表现力。手绘时，用笔的轻重，可使线条有粗有细、有轻有重，有侧锋、中锋、逆锋。这种运用各种不同的笔法形成的线条，会在视觉上产生不同的力度感。直线显得挺拔、斜线显得不稳定、水平线显得宁静、曲线则显得灵活而富有动感，对不同线条的运用就会产生线的不同力度的对比，当然，作画时，不能只追求线的力度的表现，最重要的是要以线的不同形态去表现物象的形体结构，要两者兼顾。用笔时要结合具体形象的具体情况，进行有选择的用线，比如以现代建筑为主题的设计手绘适用富有弹性的直线条表现（钢笔、中性笔），尽显建筑的高大、雄伟（右图）。以乡村建筑、园林景观为主题的设计手绘适合用多变的曲线、折线（美工笔），线条粗中有细，变化多样，加之中锋、侧锋的巧妙运用，会增强画面景象的历史、沧桑、古朴之感（下图）。

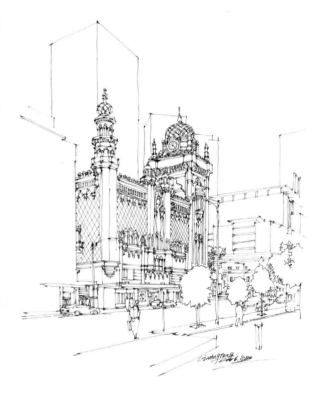

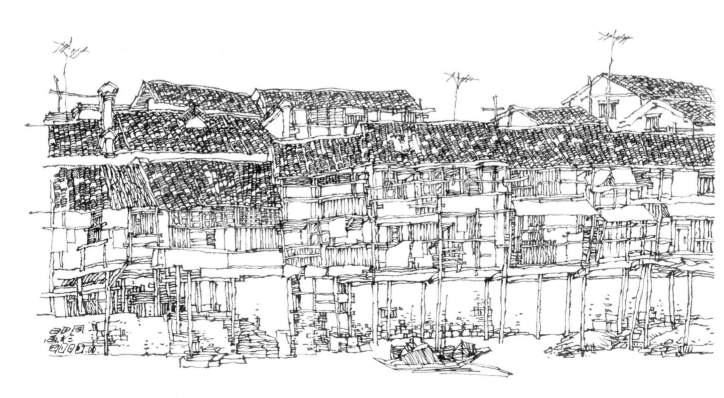

画面的节奏对比也是建立在线条的疏密对比、粗细对比、刚柔对比的基础之上。画面所形成线的整体韵味和节奏，是画家对物象的深入理解、对线条的娴熟运用，以及修养达到一定程度的体现。初学者切记：在同一手绘作品中尽量用一种工具，这样更容易掌握画面线条的整体性。运用了多种笔的线条，若掌握不好，会造成画面线条不和谐，甚至会破坏画面的整体感。一般用强、实表现前面的主题物；用弱、虚表现后面的物体；用短线刻画主题物，用长线概括远处的远景物体。这种变化着的情感线条，可以表现不同的空间万象。（如下图）长线、短线、疏密的运用就是一个很好的例子。

　　总之，单线画法有一定的难度，这就要求我们要有造型能力，要提高自己的艺术修养，更重要的是要多练、多想、多推敲。

黑白表现形式

- 单线画法
- 明暗光影画法
- 线条与明暗光影结合画法

二、明暗光影画法

　　明暗光影的画法，主要运用光学原理，通过平行光照射到物体后，产生的光与影的变化，用调子素描刻画物象的一种表现形式。这种表现形式能再现实际场景，画面对比强烈，形体更加突出，具有强烈的视觉效果，比线条画法表现充分，可以表现非常微妙的空间关系，有较丰富的色调层次变化，有生动的视觉效果。

　　用明暗的方法画景观设计手绘，要掌握在光的作用下，物体的高光，中间色，明暗交界线，反光，投影之间的黑、白、灰的处理，要抓住主要光源，分清受光面与背光面，再以自然变化的规律去加以刻画，画面响亮，主题鲜明，黑、白、灰的关系和谐，变化而统一。当然作为设计表现来说，所谓的明暗光影画法，不需要像写实素描那样去描绘，那样刻画，只需要表现黑、白、灰三个层次就够了，可适当减弱中间层次。背景时常被省略不画，刻画主要的物体，能够表现出场景物象的三维空间关系，体现其结构、光感、质感、量感及空间感就可以了。

三、线条与明暗光影结合画法

     利用线条与明暗结合画法，是设计表现形式中一种常见的表现方法，它以线为主，勾勒出物体的结构，辅以简单的明暗关系，使画面既有线的韵味，又有强烈的黑白的对比关系，这种表现形式，充分发挥了各自的长处，弥补相互之间的不足，强化了线与面的关系，突出了结构、空间、质感等重要因素，是一种很好的表现方法。

     以线条与明暗相结合的表现方法，要简洁概括，不能像画明暗素描那样细致，应以线条表现为主，明暗为辅的原则，所表现物象的明暗应强调结构，体现面的转折关系，适当减弱光影在物象中的影响，应重视物象本身的结构，重视面的本身的色调对比，用笔要有方向，要根据面的方向进行有序的排线，实中有虚、虚中有实，以达到画面生动而富有变化，整体而又和谐。如下图，线与面的结合，增强了画面的节奏、韵律和空间感。

　　景观设计手绘有关彩色表现形式这一节离不开前面章节的内容，与其说前面的内容是这一章节内容的铺垫，不如说这一节内容是前面内容的拓展与深化。所以在本节有关前面几节提到的内容就不再重复，着重从色彩方面去谈彩色表现。

　　色彩表现课是从事建筑设计、规划与景观设计、室内设计等专业的一门重要的必修的专业基础课，是从室内色彩训练转入到室外色彩训练，是进入真正的色彩研究领域。面对大自然丰富绚丽的色彩变化和经由主体产生的心理色彩、意境和情调都可以通过手绘作品表现出来。通过对色彩的研究，学生不仅可以获知室外光与色彩的特点和规律，而且还能掌握更为复杂且具有艺术表现力的色彩语言，所以室外色彩的手绘练习是学习色彩的一个重要阶段，对专业课程的学习有着重要的意义。

彩色表现形式

　　室内色彩与室外色彩比较，有着明显的区别，在室内空间由于静物之间占有的环境空间有限，室内墙面的色彩反射也比较集中、单纯，加上物体与物体之间的距离比较近，物体的固有色、环境色能通过眼睛很容易地观察出来，比较容易辨别出器物色彩的相互影响，由于不受太阳光的直接照射，室内色调一般都比较沉暗，色彩浓重；在室外，物体纷杂，物体与物体间固有的色光的反射关系就非常复杂。环境色彩很难通过眼睛确切地观察出来，很难辨别出景物之间色彩的相互影响，由于受太阳光的直接照射物体色调一般都明亮（阴天除外），色彩绚丽丰富。所以为了画好室外景观手绘，对于外环境色的分析很有必要。

产生室外色彩变化的最主要因素有以下几个方面：一是光源色的影响，由于太阳发出的光色整体倾向于暖色，景物受光部分也会整体偏暖调，这反映出阳光的色彩特点。纵然大自然物体的固有色各异，都会微微罩上带黄或红等暖色因素，早晨或傍晚的阳光在景物中反映得更加明显，以至形成非常统一的暖调。二是天光色的影响，由于天光偏蓝青色，景物受到天光色反射的影响略偏冷调。在建筑物的表现更为突出，尤

其是白色的建筑，建筑物背光墙面受天光蓝色的影响呈冷色调，这种物体背光部分偏冷色调的特点还体现在树丛的背光部分、山峦起伏的背光部分、路面沟壑的背光部分等，这些部分在太阳暖色光源的照射下会明显地显示与受光部形成补色对比的冷色调。三是地面光色的影响，因地面呈土黄色，反射出土黄色的暖色光，物体受到这种反射的部位，必是接近地面的背光部位。如建筑物的屋檐底面，背光墙面接近地面的部分，树干的底部等。四是物体之间的影响，一个物体受到另一物体色的影响，也产生冷暖调的变化。冷色物体在暖色物体的背面，暖色物体的背面偏冷调，反之冷色物体的背面偏暖调。五是天气的影响，自

彩色表现形式

然景物的色彩受天气的影响受光部分与背光部分色彩冷暖变化很大。晴天色彩冷暖变化较明显，如是阴天，自然景色的色彩关系，就不会像有阳光照射时那样对比强烈，表现在固有色比较明显，色调区别也比较清楚。但物体的受光部分与背光部分冷暖变化不明显，成冷色调倾向，色调含灰偏冷。由于天气的多变，有雨、雾、霜、雪等的自然景象，每一种景象都有着各自鲜明的调子特征。譬如雨天呈灰的蓝紫色调的色彩倾向；雾天由于形体被融化在雾中，天地一色，色调迷离含蓄；雪景，晴天的雪景与阴天的雪景变化不同，晴天雪景色调明快、黑白对比分明，阴天雪景表现为色调纯净、素雅、含蓄，黑白对比弱等。

总之，室外景色的色彩绚丽丰富，要通过自己的视觉感受去辨别，去总结并加以分析。通过对各种景色的手绘练习来提高自己驾驭色彩的能力，并熟练掌握景观色彩的表现规律，从而丰富色彩的艺术语言。

第四章 景观设计手绘的透视原理

LANDSCAPE DESIGN
PRINCIPLES
OF
HAND—PAINTED
PERSPECTIVE

68. 第一节 透视的规律

7° 第二节 透视的分类

透视的规律

透视的分类
- 一点透视
- 两点透视
- 三点透视
- 散点透视

第四章　景观设计手绘的透视原理

第一节　透视的规律

　　设计师如何表达出自己的设计创意（设计方案、设计构思，如建筑外观效果图、室内设计效果图、景观设计节点等工程图和模型），如何与设计人员、工程施工人员交流。在以上的表现手段中，最简便、最经济、最直观的方法就是直接画出设计方案的透视图。（如下图）要在平面的图纸上表现出物体三维空间的立体感，就得研究物体在空间的透视规律。掌握好透视规律，在写生过程中才能正确描绘客观对象的客观实在，深入研究某个客观对象的形态、结构和运动规律，为设计做充分的准备。

　　在生活中，我们观察到同样大小的物体会感觉近大远小，同样高的物体会感觉近高远低，同样宽的物体会感到近宽远窄。这些，实际上就是物体在空间中的透视现象，这种现象虽然被视觉正常的人所熟知，但是要正确地在纸面上表现出来却不是那么容易。初学者往往会出现错误，所以透视规律必须掌握好，做到正确运用，活学活用，并多加练习。

室内家居空间设计透视草图

第二节　透视的分类

透视是客观物象在空间中的一种视觉现象，包括一点透视（平行透视）、二点透视（成角透视）、三点透视（倾斜透视）、散点透视（多点透视）。

假设一个立方体正对着我们，我们可以这样描述它：立方体是一个三维的立体，表现为高度、宽度和深度。高度是指立方体垂直于画面的结构线，宽度是指立方体水平平行于画面的结构线，深度是指立方体倾斜于画面的结构线。

透视与人的站点有关，站点的左右移动会观察到物体不同方向的体面。视点在视平线上，视点的高低决定视平线的高低。

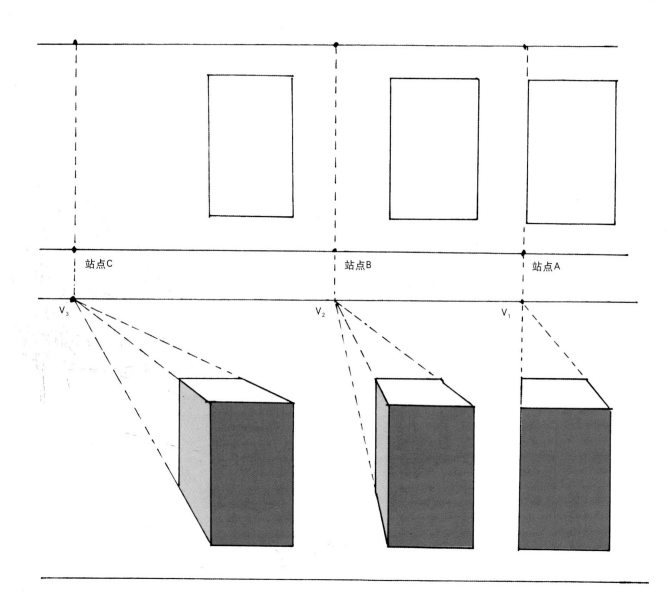

我们可以观察到物体在视平线以上，物体在视平线上，物体在视平线以下这三种透视情况。实际生活中高楼大厦就体现了这种现象。面对一栋高楼，有的楼层在视平线以下，有的楼层在视平线上，有的楼层在视平线以上，如下图一点透视：

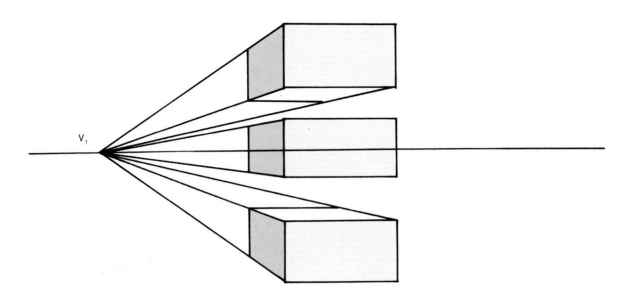

一、一点透视（平行透视）

　　特点：一点透视也叫平行透视，只有一个消失点，高度线垂直于画面，宽度线与画面平行，有一组深度线，深度线与画面水平线相交，有一个锐角且深度线消失于视平线上一点V_1，一点透视图看起来比较稳定、严肃、庄重。（如图）

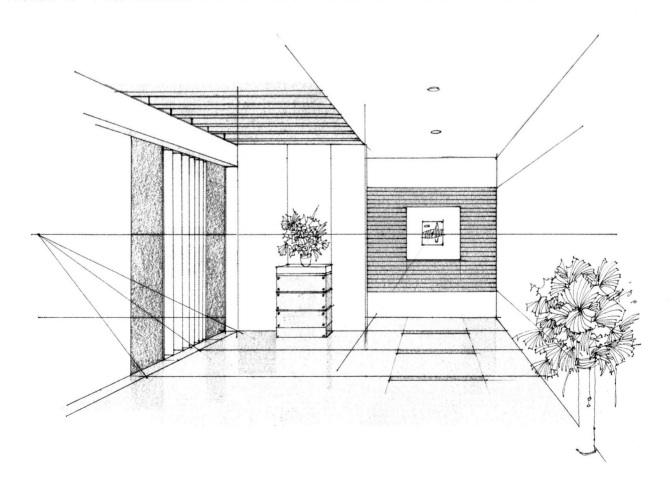

室内一点透视

室外一点透视　矫克华

二、两点透视（成角透视）

特点：两点透视也叫成角透视，有两个消失点，高度线垂直于画面，有两组深度线，深度线延长至与画面水平线相交，有两个锐角，且这两组深度线消失于同一条视平线上。

两点透视图画面效果比较自由、活泼，能够比较真实地再现表现空间，但也有不足之处，如果人的站点选择不合适，就会造成空间物体的透视变形，所以想画好两点透视，对于站点的选择十分重要。

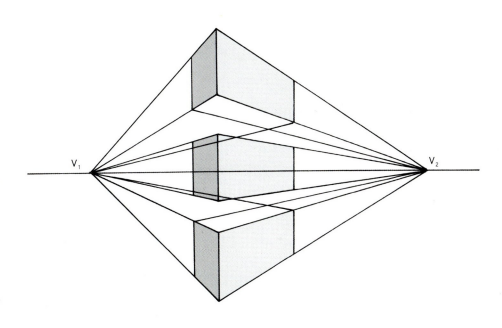

室内两点透视

室外两点透视 矫克华

三、三点透视（倾斜透视）

特点:有三个消失点，高度线不完全垂直于画面，根据站点的不同，高度线或者消失于天空中的天点，或者消失于地面中的地点，另外两组深度线延长与视平线相交形成两个消失点，消失在视平线上，另一个消失点消失在天空或地面,三点透视多用于高层建筑物的写生，人的站点离建筑物越近，其透视越强烈。

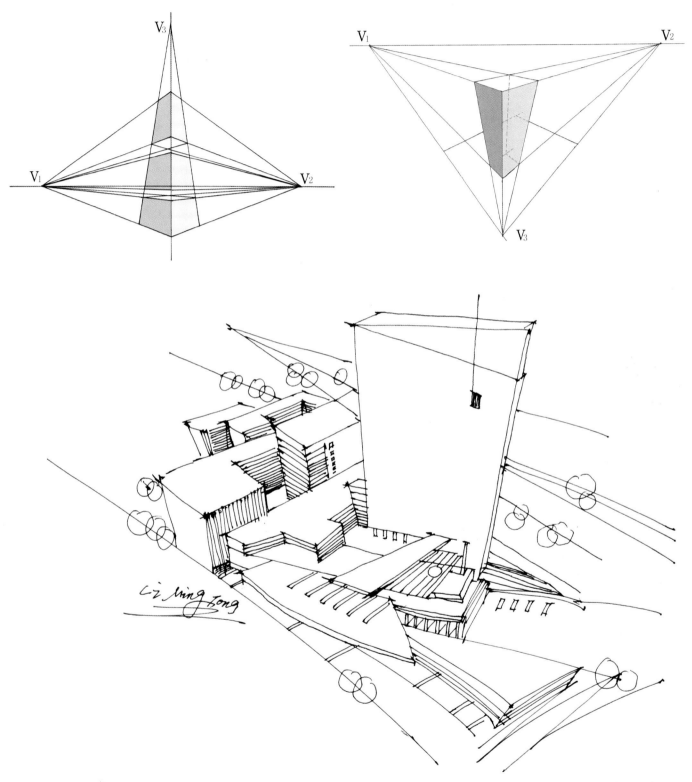

室外三点透视

透视的分类

- 一点透视
- 两点透视
- 三点透视
- 散点透视

四、散点透视（多点透视）

特点：散点透视是我们传统国画常见的一种方法，在我们的速写中也经常采用。有多个消失点，多条深度线，线与线纵横交错，是一点、两点、三点透视的综合运用。适合画场景速写，比如整个城市、村庄、小区的场景速写，就是采用散点的透视画法。

在写生时，要灵活运用透视规律，选择合适的写生角度，去描绘生动的场景。当然透视规律固然重要，过分讲究透视关系，反而使画面显得呆板、拘谨，建议写生时多采用徒手表现，通过目测法去观察、绘制，以训练自己敏锐的眼力。

李明司画于2010年8月6日.

80

第一节　景观设计手绘的常用技法与步骤

112

第二节　景观环境元素的分解练习

第五章　景观设计手绘表现

第一节　景观设计手绘的常用技法与步骤

一、钢笔单色的手绘表现技法

作为艺术设计、建筑学、城市规划、景观设计等专业，创作草图的绘制离不开简便的工具，为了及时捕捉美好的瞬间，把灵感的火花迅速记录下来，就需要快捷的工具，钢笔无疑是理想的工具之一，这里指的钢笔包括：针管笔、美工笔、中性笔、蘸水笔、普通钢笔等（前面我们已经讲过各种笔的特性，在这里不再赘述）。如今画家和建筑师同样也把钢笔作为创作、收集素材、表达构思、效果表达、制图绘图等的主要工具，中世纪以后，西方画家已经熟练地运用钢笔这种绘画工具。如伦勃朗、丢勒、门采尔、莫奈、凡·高等著名绘画大师都有许多精美的硬笔绘画作品传世，这些都是我们学习钢笔绘画的典范。

袁田明钢画于2010年7月15日

由于用钢笔作画，线条不宜擦改，所以下笔前要"胸有成竹"，培养意在笔先，下笔果断而不犹豫。对于绘制复杂精细的工程图时，可以先用铅笔起稿，再用钢笔描绘。画创作草图时，最好不用铅笔起稿，直接用钢笔画，这样画出的线条流畅、生动、有弹性。当然这对初学者有一定的难度，初学者徒手画经常会出现造型不准或线条没有弹性的问题，这就需要经常画速写，方能灵活运笔，做到意到笔到，形随意生。

景观设计手绘的常用技法与步骤

- 钢笔单色的手绘表现技法
- 马克笔的手绘表现技法
- 彩色铅笔的手绘表现技法
- 水彩的手绘表现技法
- 水粉的手绘表现技法
- 综合手绘表现技法

在第一章第四节里已经讲过钢笔的写生方法，讲过两种方法：一是从整体出发的写生方法，二是从局部入手的写生方法。作为设计创意表现图的钢笔单色表现与写生还是有所区别，写生可以随意发挥，设计需要建立在具体的设计条件、功能要求、设计尺寸、造型语言的基础上，要按照比例和正确的透视关系去画；写生可以采用移景法，可以把画面外的元素移到画面来，来完善画面，设计可不行，要再现实际场景，设计场景里有哪些景观元素就要尽最大努力表现出来；这就需要掌握一套设计表现图钢笔单色绘图方法。

钢笔风景写生

设计创意表现图　　矫克华

步骤一

步骤二

步骤三

钢笔单色表现的步骤

步骤一

考虑画面的构图，用铅笔轻轻起好透视稿，铅笔线条最好用0.3mm的自动铅笔，起稿时可以利用尺规辅助，稿子尽量深入画细。

步骤二

铅笔稿子起好后，可以适当加一些配景，如树木、花卉、人物、车辆等，画配景同时要考虑画面的构图，处理好前景、中景、远景的虚实关系，用铅笔轻轻标记。

步骤三

用钢笔进行描绘，可以从局部入手画，画的过程中要考虑画面的整体关系，用线要统一，描绘的时候最好徒手画，这样画出来的线条生动有弹性。

步骤四

调整画面，突出主题。对深入不够部分的细画，处理好画面黑白灰关系、疏密关系、前后关系、主次关系，使画面形成统一的整体。

景观设计手绘的常用技法与步骤

二、马克笔的手绘表现技法

　　马克笔有两种类型：水性马克笔和油性马克笔。其颜色丰富多样，从灰色系列到纯色系列一应俱全，具有携带方便、干得快、作画快捷、省时省力、表现力强等特点。适应于建筑设计、城市规划、景观设计、室内设计、工业设计、服装设计等设计行业。马克笔可以说是快速表现的代名词，是设计创意表现的理想工具，尤其是最近几年更是备受设计师所青睐。马克笔的笔头较硬，笔头宽扁，笔尖可画细线，也可画粗线，颜色透明，适合重复叠色，通过笔触间的叠加可产生丰富的色彩变化，但不宜重复过多，否则画面会产生"脏"、"毛"、"灰"等缺点。对于水性马克笔笔触间的叠加更应该注意，更容易产生画面"脏"、"灰"，可以等第一遍颜色干透后再叠加第二遍色，着色顺序先浅后深，力求简便，用笔要轻松随意，笔笔之间要有疏密关系，笔触要明显，讲究留白，注重用笔的次序性，要根据塑造对象的结构特点灵活运笔，切忌随心所欲，用笔琐碎，乱画。

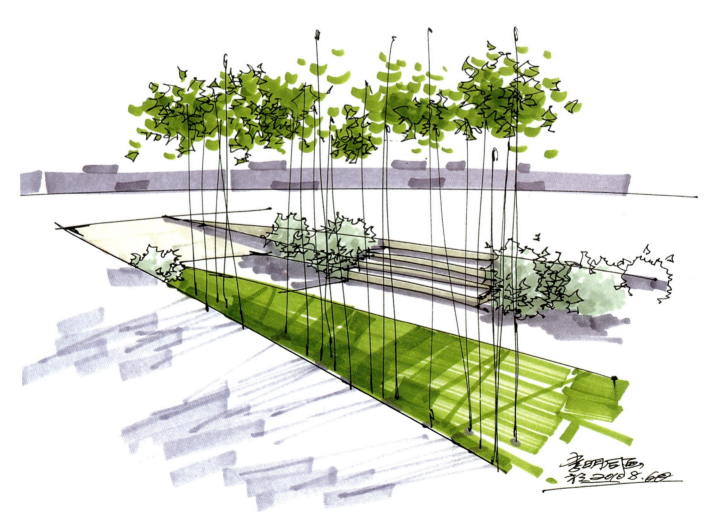

城市建筑马克笔手绘

  用马克笔绘画，采用不同的纸张，效果会截然不同，比如水彩纸、素描纸、卡纸、牛皮纸、色纸、底纹纸、描图纸、硫酸纸、复印纸等，不同的效果是因为纸张表面的光滑程度、吸水性能的不同决定的，所以在景观绘图时，要根据情况选用适合自己的纸张。油性马克笔还有一个特点就是洇纸，笔在纸上停留的时间长短决定洇纸的效果，在实践中要反复推敲，熟练掌握，方可得心应手。

景观设计手绘的常用技法与步骤

- 钢笔单色的手绘表现技法
- 马克笔的手绘表现技法
- 彩色铅笔的手绘表现技法
- 水彩的手绘表现技法
- 水粉的手绘表现技法
- 综合手绘表现技法

马克笔的表现步骤：

步骤一

考虑画面的构图，用铅笔起好透视草稿，同时把配景画好。

用黑色钢笔进行描绘，描绘的时候考虑画面的整体关系，用线要统一，同时把画面的明暗关系标记出来。

步骤二

着色前可以先准备好马克笔，按照有彩色系与无彩色系进行归类，最好在空白纸上做一张色谱，由浅入深，由冷到暖逐一排列，这样做可以很容易找到自己需要的颜色，方便快捷。

步骤三

根据设计对象的结构特点，用笔描绘，由浅入深逐次叠加，等第一遍颜色干后再叠加第二遍色，直到合适为止，否则会使画面脏灰混浊，失去马克笔的笔触效果。马克笔的表现要以排线为主，要有疏密关系，组织规律性的排线对统一画面有一定的帮助。

步骤四

调整画面，不够深入的继续加强刻画，处理好画面黑白灰关系、色彩关系、疏密关系、前后关系、主次关系，使画面形成统一的整体。

范例1

步骤一

步骤二

步骤三

步骤四

88~89 景观设计手绘表现

步骤三

步骤四

步骤一

步骤二

步骤三

城市公园景观手绘　李明同

景观设计手绘的常用技法与步骤

- 钢笔单色的手绘表现技法
- 马克笔的手绘表现技法
- 彩色铅笔的手绘表现技法
- 水彩的手绘表现技法
- 水粉的手绘表现技法
- 综合手绘表现技法

三、彩色铅笔的手绘表现技法

  彩色铅笔与普通绘画铅笔一样，具有排线、平涂、擦涂的特性，线条可以像普通铅笔一样产生浓淡效果，正因为彩色铅笔易掌握、颜色明快、方便快捷的特点，也备受设计师所喜爱，突出表现在景观设计、建筑设计、规划设计、室内设计等行业。彩色铅笔有水溶性和油性两类，水溶性彩色铅笔可以结合清水使用，也可以结合马克笔、水彩使用，会出现意想不到的效果，在实践中可以尝试这几种结合方法，从中找到规律，加以总结，灵活运用。

彩色铅笔手绘图

在景观设计表现图中，彩色铅笔一般结合钢笔线描作画，也可以结合马克笔作画，结合钢笔线描作画时，钢笔线描最好精细深入，彩色铅笔只是辅助用色，用颜色画出明暗、材质的色调即可，不需要满涂，可以大面积留白，这样画面响亮，黑白对比明确，主题鲜明。结合马克笔作画时，我们知道马克笔笔触感强，色彩明快，单色渐变过渡困难，而彩色铅笔调子过渡自然，可虚可实，变化丰富，况且水溶性彩色铅笔与水性马克笔都溶于水，两者结合可以取长补短，所以能理想地表现出对象的形体结构。

彩色铅笔手绘图　矫克华

彩色铅笔手绘图　矫克华

景观设计手绘的常用技法与步骤

- 钢笔单色的手绘表现技法
- 马克笔的手绘表现技法
- 彩色铅笔的手绘表现技法
- 水彩的手绘表现技法
- 水粉的手绘表现技法
- 综合手绘表现技法

范例

步骤一

步骤二

彩色铅笔表现的步骤：

步骤一

考虑画面的构图，用铅笔轻轻起好透视草稿，用黑色钢笔进行描图，描图的时候考虑画面的疏密关系、黑白灰关系、虚实关系，用线要统一，同时把配景画好。

步骤二

着色前可以先准备好彩色铅笔，找到与设计物体基本色相相近的铅笔，然后从物体的暗部开始画起，可以用素描线条的形式，也可以用涂抹的形式，画的时候考虑物体的投影、反光、明暗交界线、中间色、高光五大调子。对于色彩变化丰富的物体，可以采用线条的交叉用笔、叠加排线，甚至可以发挥水溶性彩色铅笔的特点，获得丰富亮丽的色彩变化，排线用笔尽量大胆，用笔要生动、帅气。

步骤三

深入刻画物体的细节，要把握好一个"度"，刻画时要循序渐进，切不可局部刻画，要把握好画面的整体关系，因彩色铅笔作画不易擦改，所以局部刻画很容易画过，不易调整。

步骤三

步骤四

调整画面，突出设计主题。不够深入地继续加强刻画，处理好画面黑白灰关系、色彩关系、疏密关系、前后关系、主次关系，使画面形成统一的整体。

步骤四

景观设计手绘的常用技法与步骤

四、水彩的手绘表现技法

    水彩作画主要是以水作为媒介来稀释颜色的，它色彩变化丰富、自然、灵秀，经过前人的不断努力、实践、研究与探索，已经形成一门独立的画种，具有独特的艺术魅力和审美价值。由于水彩画使用材料、工具的特殊性，也就决定了它有着不同于其他画种的画法与技巧。水彩画所运用的纸张、笔、颜色和调色运用的水，构成了水彩画的基本内容和作画特点。水彩画的基本技法与水粉画有些类似，也有干湿画法，不同的是水彩画颜料比水粉颜料透明性高，适宜多次层涂，而水粉画覆盖性强，不适宜颜色的多次层涂。

United States Embassy Cairo,Egypt (TAC),Architects Watercolor

皖南村庄　陈静

水彩画的干画法是一种多层画法，即在干的底色上多层着色，不求渗化效果，以层层叠加的方法来表现对象。干画法的特长是层次分明，笔触明显且能够表现出肯定、清晰的形体结构和丰富的色彩层次。由于水彩颜色具有透明或半透明的特性，因而在颜色叠加时要考虑底色与叠加色重叠之后的颜色关系，应在第一次着色干后再涂第二遍色，画面涂色层数不宜过多，过多会造成色彩灰脏，颜色失去透明感。水彩的干画法有一个最大的难题就是颜色的接色，最好是等邻接的颜色干后从其旁涂色，或者采用湿画法，这样能够增加色彩的变化，使物体轮廓清晰、色彩明快。罩染在干画法中经常运用，与中国画工笔的作画方法差不多，在水彩写生创作中主要运用在作画程序的最后阶段，对局部色彩的调整，以及通过罩染法使画面色彩达到和谐统一。干画法中有时也经常运用枯笔，由于笔头水少色多，运笔容易出现飞白，可以表现出特殊材质的质感，给人以柔中见刚的效果。

酸葡萄之一　陈静

酸葡萄之二　陈静

景观设计手绘的常用技法与步骤

皖南村落（湿画法）　陈静

水彩的湿画法将画纸打湿或部分刷湿，趁第一遍颜色未干时连续着色的方法。这种方法最具水彩画特点：色与色的自然渗化，形成水色交融的效果，具有流畅、淋漓、滋润的特点，只要水分、颜色与时间掌握得当，画面效果自然生动，特别适宜表现雨雾气氛，表现出某些画种所不及的特色。湿画法中常用湿接法，湿接法就是要在邻近色未干的时候接色，这样水色容易交接、渗化，使交接颜色边界融合、模糊，表现过渡柔和色彩的渐变多用此方法。颜色衔接时水分要适中、均匀，否则会产生不必要的水渍。对于水分的掌握，水分的运用是水彩技法的重中之重，画水彩要熟悉"水性"就是这个道理。对于水彩的湿画法还要考虑时间问题，时间把握要恰如其分，过早因画面太湿容易失去塑造物体应有的形体，太晚画面底色已干，水色不易交接、渗化，使颜色衔接生硬。当然湿画法除了对水分、时间的把握，还要考虑作画所用的纸张，不同的画纸它的吸水程度也不同，要根据纸的吸水性能掌握用水的多少。水彩的湿画法适宜于大面积着色、渲染、晕色，如天空、地面、湖面等。

皖南村落（湿画法）　陈静

水彩除了干湿画法，还有特殊法。常见的特殊法有刀刮法、蜡笔法、水吸法、喷水法、撒盐法等。因这些特殊方法所用的工具材料和手段的不同，画面会造成特殊的效果。由于这些特殊法在景观设计表现中不常用，在这里就不再详细赘述。

　　我们知道成功的设计是内容与形式的完美结合，一幅好的水彩表现图同样也是设计内容与形式的完美体现。设计师如果没有熟练高超的技法表现能力，再美妙的构思也只能是想想而已，所以我们要重视设计表现，重视设计表现所透出的艺术魅力。水彩表现能给人以独特的艺术美感，主要是因为水彩具有淳朴、清爽、淡雅、明快、水色淋漓的艺术语言，它的魅力值得我们去探究其表现法。

Watercolor 1991 Private residence, Toronto Canada

景观设计手绘的常用技法与步骤

- 钢笔单色的手绘表现技法
- 马克笔的手绘表现技法
- 彩色铅笔的手绘表现技法
- 水彩的手绘表现技法
- 水粉的手绘表现技法
- 综合手绘表现技法

　　水彩在设计表现中主要是淡彩画法。比如铅笔淡彩、钢笔淡彩等。所谓淡彩画法，就是先用铅笔或钢笔画出设计对象的形体结构与明暗关系，然后在此基础上用薄而透明的水彩罩染，画出对象色彩关系，这种方法是利用颜色的透明特性，透出铅笔与钢笔底稿上素描的明暗关系，来表现形体结构的。

　　"留白"的方法是水彩画法最突出的特点，这也是因为水彩颜料的透明特性决定了这一作画技法，一些浅亮颜色、高光部分，可以通过色彩在画面上的"留白"来表现。因为水彩颜料浅色覆盖力弱，不如水粉和油画颜料那样覆盖力强，依靠淡色和白粉很难提亮，所以水彩画家常采用"留白"技法进行写生与创作，水彩写生创作时，恰当而准确地"留白"，会增强画面的层次关系，黑白关系，使作品具有强烈的生动性和表现力。着色之前要充分考虑好受光面、高光的位置，初学者可以用铅笔轻轻标出留白的范围，哪怕是微小的细节，即便是很小的点，都要在涂色时巧妙留出。切忌不能把留白的地方空得太死、僵硬和呆板，这样画面会失去生动感。总之，留白要留得既准确又生动，要在实践中反复研习，总结其规律，做到熟能生巧，灵活运用，这样才能画出好的作品来。

St.Andrews Harbour St.Andrews Townscape Vision Report

Line&Color

水彩表现的步骤：

步骤一

把水彩画纸裱在画板上，因为水彩表现需要用水调色，所以最好裱纸，纸裱好了平整光洁，会激发创作激情。

纸干透后构图起稿，用铅笔画好透视草稿，用黑色钢笔进行描图，描图时可以用尺规，也可以徒手描图，徒手画线条轻松随意，能够体现设计师的个性和艺术修养，徒手画同样要考虑画面的疏密关系、黑白灰关系、虚实关系。

步骤一

步骤二

把需要的颜色挤入调色盒中，然后调色，调色要透明，色调好后从物体的暗部开始画起，画的时候考虑设计对象形体结构以及对象的环境色、固有色、高光色。水彩颜色因透明具有叠加性能，叠加时最好是第一遍颜色干透再叠加第二遍颜色，这样画不易出现"脏"、"灰"的问题。

步骤二

景观设计手绘的常用技法与步骤

步骤三

步骤三

深入刻画物体的细节，刻画时要循序渐进，要始终把握好画面的整体关系。在塑造设计对象的形体结构时，水彩也可以模仿马克笔的笔触去表现，同时可以留白，留白是着色之前要充分考虑好受光面、高光的位置，哪怕是微小的细节都要巧妙留出。这样画面会生动，黑白对比分明。

步骤四

步骤四

调整画面，突出设计主题。不够深入的继续加强刻画，处理好画面黑白灰关系、色彩关系、疏密关系、前后关系、主次关系，使画面形成统一的整体。

五、水粉的手绘表现技法

景观设计表现形式中，水粉表现也是一种常用的表现形式，因其材料的特性，其特点是色彩饱和厚重，覆盖力强，表现力丰富，能够精确地表现出设计对象的空间形态和质感。常用的方法是水粉的薄画法和厚画法。

水粉的薄画法就是调颜色时用水把颜色稀薄到一定程度，使明亮的纸色能透出色层，显出明度的变化。作画时，薄画法一般用来大面积的铺色，如果调色时水分使用量大，颜色就会在纸面上流淌，会产生水色交融、水色淋漓的效果。这种画法与水彩的画法相似，但效果不如水彩效果透明、洒脱，所以采用薄画法时，用色及用水量都要充足，运笔要果断、要快，最好一气呵成，不然会产生很多水渍，造成画面效果不理想。在风景写生中景物的阴影部分及远景常采用薄画，它可使色层柔和含蓄，有远退的效果。但薄画法也有个弱点，由于水多色薄，粉质因素和遮盖力会减弱，处理不好会造成色彩饱和度不够，画面会显混浊不清，水粉画的艺术特性就不能充分发挥，所以薄画法常常应用在起稿、铺大色和局部刻画。

Crahm O'Shea Hyde Architects

景观设计手绘的常用技法与步骤

- 钢笔单色的手绘表现技法
- 马克笔的手绘表现技法
- 彩色铅笔的手绘表现技法
- 水彩的手绘表现技法
- 水粉的手绘表现技法
- 综合手绘表现技法

　　水粉的厚画法就是调颜色时用水较少，但也不能过于少，过少会使颜色在调色板上搅拌不动，颜色调不开，画到纸面上去，颜色会干裂脱落，调色以运笔随意自如为佳。厚画法作画时，下笔必须肯定有力，笔触方向感要明确，要根据物体的体面转折方向来灵活用笔，切忌来回涂抹。水粉的厚画法非常适宜表现形体转折明确、结实厚重的物体，当然，要画好水粉没有充分实战经验与基础能力是绝不容易做到的。在厚画法的表现中也可采用颜色透底的方法，作画时用笔要轻松流畅，随意自由，有意造成画面透出底色的效果，底色会在笔与笔之间显露出来，共同构筑该色彩区域的基调倾向，使画面色彩效果透气、生动，颜色丰富。水粉的厚画法还应该大胆地运用白色，因为在表现许多明亮物体或景色时，需调入大量的白色来达到明度的要求，如天空色、地面色、草地色、水面色等，这样可使造型厚实有力，与薄画法的部分产生强弱对比效果。

　　所以在景观设计表现中，运用厚画法和薄画法要根据设计景象的特点来选择，但绝不是两者截然的分开，一幅好的作品是厚画法与薄画法的综合运用。一般而言，物体的暗部色彩和远处背景物体的色彩应画得薄一些、虚一些，物体受光部分的色彩和近处物体的色彩应画得厚一些、实一些。这样容易拉开前后的色彩强度，使画面主体分明、虚实对比强烈，同时也符合我们的视觉感受。一般说来，水粉画的写生在用色的厚薄方面应以厚画法为主，薄画法为辅，方能获得较好的画面效果。

The Piedmont Group

水粉画因其颜色的特性，覆盖力强，颜色干湿变化差异较大，调色时因为水量的多少使颜色深浅也会有所差异，因为这几点在塑造物体时色与色之间很难衔接好。水粉作画要画得色块明确、轮廓清楚比较容易，但要画得衔接自然、柔和就比较难。在作品中，主要体现在物体轮廓线及物体面的转折处，画得像剪贴一样清楚的弊病是常见的，这弊病会使物体与周围环境脱离，削弱了对象的立体感和空间感。作画时要认真分析物体轮廓线的虚实关系，分析物体面转折形成的结构关系以及每一转折所形成微妙的色彩变化，通过准确的调色，把每一块色彩放到它应有的空间位置上，我相信通过大量的练习会找到水粉色衔接的一些基本方法，也能总结出一套色彩衔接规律。

景观设计手绘的常用技法与步骤

- 钢笔单色的手绘表现技法
- 马克笔的手绘表现技法
- 彩色铅笔的手绘表现技法
- 水彩的手绘表现技法
- 水粉的手绘表现技法
- 综合手绘表现技法

水粉画颜色的衔接关键是正确控制色彩明度的变化、冷暖变化、纯度变化、颜色的干湿变化等。水粉画作品最好是一气呵成，趁着色彩未干时衔接，运用湿画法完成。颜色未干时，颜色衔接比较容易，即使冷暖的两块颜色，也可以趁着颜色未干时进行部分重叠，混合后产生一个过渡的中间色，使颜色衔接自然柔和、顺畅没有生硬感。物体的背光面轮廓线总是模糊不清或与背景或投影融合在一起，这种模糊较虚的色彩关系，最适宜使用湿画法的方法来表现。再者，因为水粉颜色干湿有明显的深浅差异，衔接时可以在已画好的干颜色层上用干净的清水打湿，等水分完全浸透颜色后，再采用以上的湿画法的办法完成。有经验的也可以在已经干透的色层上继续作画，不需要打湿衔接色，要预先估计出颜色干透的深浅程度，对于初学者来说，这种方法有一定的难度。要把握好画上去的颜色的色彩个性与干透的色块基本上一致，还可以利用在调色盒中残留的颜色作为衔接依据，这些是在缺少经验的情况下采取的办法。

Smallwood Reynolds Stewart Stewart

SSOE, Inc

我们知道中国画讲究用笔、讲究笔墨，水粉画也一样重视用笔。中国传统绘画的笔法技巧，可以给水粉画的用笔提供重要的启示，值得借鉴。在水粉画中，颜色是通过各种画笔的运笔方式产生表现效果的。漂亮的笔触可以增强画面的气氛和意境，使画面产生节奏感和韵律美。许多优秀的水粉画都是通过笔法获得了别致的画面效果，同时通过笔法也透出了作者的激情和对生活场景的感悟。

绘画中的笔法与画家的画风个性有密切关系。笔法是一种绘画语言，是主题塑造的一种艺术手段。从表现题材的选择、艺术的加工、表现方法、追求的风格、情调意境等都离不开笔法。对写生对象的塑造必须结合对象的形体特征和结构合理的用笔，如直向的物体塑造经常采用横向的用笔，这样表现使物体更结实，更有张力感；再如画天空、地面或水面等大面积的景色，往往采用大型号的笔去画，用笔要自然随意，根据对象结构特征和动向走势采用有方向变化的用笔来增强画面的生动性。一般使用横向的长笔触，可以更显出平面的深远感；用横向的较柔和的笔法来表现静穆、和平的意境；用生动、活跃、明确的点的笔法来表现欢快、愉悦的气氛；用轻柔随意的小笔触来表现优美、抒情的情调；用大刀阔斧的大笔触来表现画面的粗犷与豪放。

总之，不同的笔法会表现出不同的情感体验，在这里就不一一做介绍，掌握笔法的技巧也是要经过长时间的实践经验的积累才能获得，但对某些已经被普遍实践与应用的规律性的用笔，是应该必须了解和掌握的。初学者必须多画多练，从实践中寻找技巧，结合实践经验，总结颜色的衔接规律，这样才能灵活运用色彩画出好的作品来。

Wolstein Group

景观设计手绘的常用技法与步骤

- 钢笔单色的手绘表现技法
- 马克笔的手绘表现技法
- 彩色铅笔的手绘表现技法
- 水彩的手绘表现技法
- 水粉的手绘表现技法
- 综合手绘表现技法

六、综合手绘表现技法

　　综合技法就是运用多种表现技法完成一幅设计表现图，如钢笔、彩色铅笔、马克笔；钢笔、水彩、彩色铅笔；钢笔、马克笔、水彩；钢笔、透明水色、彩色铅笔；钢笔、水溶性彩铅、水彩；铅笔、喷绘、水粉等多种综合方法，每一种方法都有其不同的特点，各种技法综合在一起取长补短，可以达到理想的效果。

　　我们以钢笔、马克笔、水彩、彩色铅笔为例来说明，首先用钢笔起稿子，用钢笔的黑线描图，描图的同时画出疏密关系、黑白灰关系、简单的虚实关系，然后水彩用笔，水彩因颜色透明适宜大面积的铺设调子，待颜色干后，在上面可以略加一些马克笔笔触，这样画面看起来有笔触感、灵活、洒脱、帅气。马克笔画完后必然有一些色彩渐变不够，这时候可以用彩色铅笔进行调子补充，因为水彩纸张不平整，彩色铅笔调子在纸面上会有笔触感，会留有一些飞白调子，调子不像水彩能够全部渗入纸内，而是浮在水彩颜色与马克笔颜色的表面上，形成了用笔粗细肌理上的对比，增强了画面的美感。

范例1

步骤一

步骤二

步骤三

步骤四

步骤一

步骤二

步骤三

步骤四

景观环境元素的分解练习

- 景观平面图、立面图、剖面图的练习
- 树木花卉的练习
- 天空与水景的练习
- 山石与地面的练习
- 建筑材料的练习
- 建筑与环境的练习

第二节 景观环境元素的分解练习

一、景观平面图、立面图、剖面图的练习

在景观工程设计中，平面图、立面图、剖面图是方案设计与施工图设计中最重要的图例，它客观地再现了设计师的设计理念，同时它也是设计师与他人进行设计交流，设计构思推敲的形象化语言。设计师在拿到工程项目任务书时，首先要对项目进行实地考察与调研，对项目进行论证分析，最后做出总体的创意策划。接下来进行工程的草图设计，这里的草图设计最初都是靠手绘表现，方案经推敲决定后再改为电脑制图。常见的图纸有：平面功能分析图、道路交通分析图、景点布置分析图、地下管道分析图、景观竖向分析图、建筑立面分析图、建筑剖面分析图、景观节点分析图等，这些图蕴涵着设计师对自然环境与人工环境科学性的技术分析，也是设计方向工程甲方与规划部门方案汇报所必备的工程图纸。

景观平面手绘图

1. 平面图

平面图反映了不同的功能分区，以及各分区之间的合理关系。比如住宅小区中地下停车场的入口与小区主干道的关系，与地上临时停车位的关系，与步行漫步道的关系，与建筑住宅入口的关系，与小区公共绿地、休闲广场的关系等，是一个整体的交通流线系统，都应该充分考虑，合理布置。平面图常用比例为1：1000、1：500、1：250、1：100、1：50、1：20等，绘图比例的选择要根据工程的面积或设计对象的尺寸来定。景观设计的平面图通常都着色，用颜色或图例来区分景观平面内的设计对象，比如广场、建筑、道路、绿地、树木、假山、水系、花卉、室外家具等，给人以直观的认识。

景观平面手绘图

红色陶土砖铺装　　休闲亭

常绿植被
常绿乔木
红枫、迎春
自然景观石
碎石块拼铺

常绿乔木

人工水景

红色陶土砖

绿色植被

某住宅小区宅间景观设计平面图

景观平面手绘图

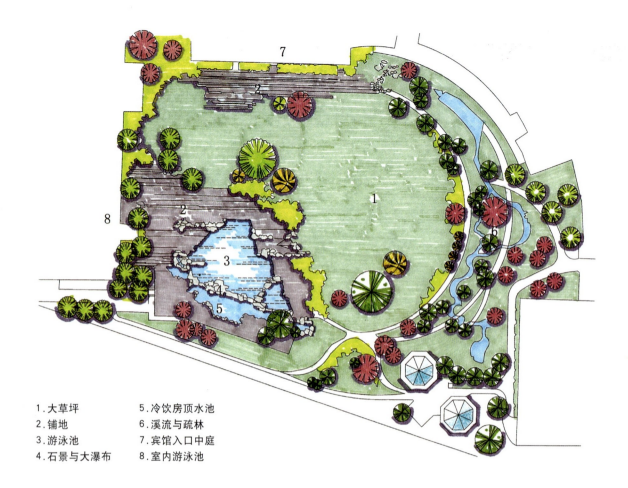

1.大草坪　　　5.冷饮房顶水池
2.铺地　　　　6.溪流与疏林
3.游泳池　　　7.宾馆入口中庭
4.石景与大瀑布　8.室内游泳池

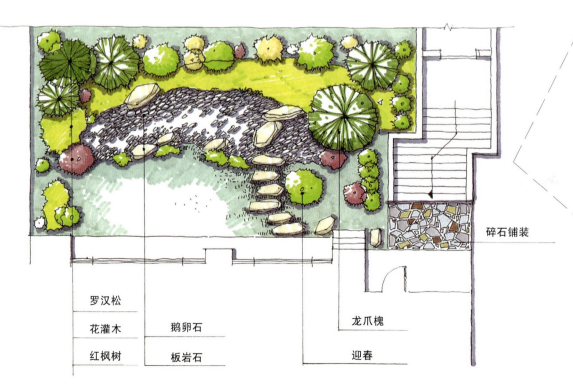

碎石铺装

罗汉松		龙爪槐
花灌木	鹅卵石	
红枫树	板岩石	迎春

小庭院景观平面草案

景观平面手绘图

2．立面图

立面图是在平面图的基础上垂直方向的拉伸，能够体现景观场景的高度变化，在视觉上形成运动趋势，再现设计对象造型的具体结构。比如，建筑的立面风格式样，建筑外墙的材质、色彩，玻璃的颜色，门窗的形状大小，建筑墙面与窗户的比例，等等。绘制立面图时要注意对象结构的空间前后关系，可以通过投影或图形的线形粗细来区分，这些内容知识点在工程制图与识图里面都做了详细的讲述，在此不再赘述。徒手画立面草图时可以适当画一些周围的配景，来渲染主题场景的气氛，也可以对立面草图进行渲染着色，把设计对象的材质、色彩标示出来，使立面图更直观逼真。

廊架立面图

廊架侧台平面图

外立面方案图

景观立面手绘图

景观环境元素的分解练习

- 景观平面图、立面图、剖面图的练习
- 树木花卉的练习
- 天空与水景的练习
- 山石与地面的练习
- 建筑材料的练习
- 建筑与环境的练习

3．剖面图

剖面图是工程图例中必不可少的图例，是把设计对象的内部结构关系详尽表现出来，以便于了解其内部构造关系，更便于施工。剖面图是在设计时假想用剖切平面在适当的位置将物体剖开，然后把剖切平面之间的部分移去，让观察者正视剖切断面按照正投影画法所绘制出来的断面视图称为剖面图。为了能够清楚地表达物体内部不可见部分的真实构造，通常把剖切到的断面轮廓线画得粗些。若图形简单或者比例较小时，可采用同一宽度的粗实线。为使图样清晰，在剖面图中一般不画表示看不见部分的虚线。建筑造型设计是这样要求，景观设计造型也必须通过对物体进行剖切分析，画出剖面详图。比如，景观道路铺装的剖面图，蓄水池、喷泉的施工剖面图等。平面图、立面图、剖面图一般都采用相同的比例。

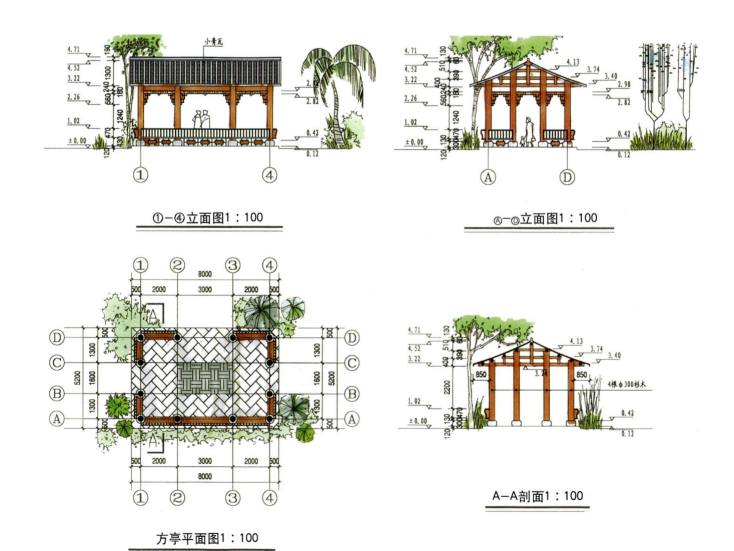

①－④立面图1∶100

Ⓐ－Ⓓ立面图1∶100

方亭平面图1∶100

A－A剖面1∶100

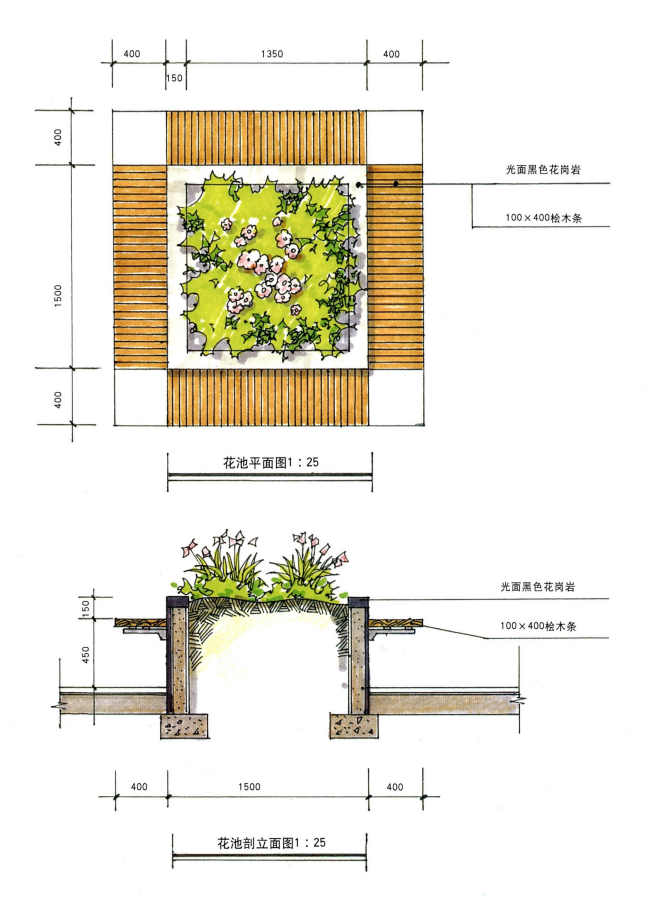

400　　1350　　400

150

400

1500

400

光面黑色花岗岩

100×400桧木条

花池平面图1：25

150

450

光面黑色花岗岩

100×400桧木条

400　　1500　　400

花池剖立面图1：25

景观环境元素的分解练习

- 景观平面图、立面图、剖面图的练习
- 树木花卉的练习
- 天空与水景的练习
- 山石与地面的练习
- 建筑材料的练习
- 建筑与环境的练习

二、树木花卉的练习

　　社会的发展使人们对自己的生存环境要求越来越高，绿色生态意识不断地深入到每个人的心中。植物配置是景观设计与环境建设中的重要课题，这不仅表现在植物对改善人类的生态环境所起到的作用，更重要的是它给我们带来审美愉悦的精神功能。尤其表现在现代园林的建设上，更加注重了植物的开发和利用，植物造景也不仅仅是审美情趣的反映，而是兼备了生态、文化、艺术等多方面的功能。当前，在景观设计中，植物主要以乔木、灌木、草本为主，在设计中占主要地位，每一位设计师都对其深入研究，研究其生长习性，研究其形态动势和四季的颜色变化，可以说没有植物的研究就没有景观设计的表现，植物配置的好坏关系到景观设计的成败。下面就针对乔木、灌木、草坪与草丛的手绘做一下简单的介绍。

1.乔木

　　乔木一般是指树身高大，有明显的主干和树冠，且主干高达6米以上的木本植物称为乔木。如松树、玉兰、木棉、槐树、梧桐树、白桦树、樟树、水杉、枫树等。乔木又分落叶乔木和常绿乔木。落叶乔木每年到了秋冬季节或干旱季节叶子会脱落，如槐树、梧桐树、苹果树、山楂树、梨树等。常绿植物是一种终年具有绿叶的乔木，如松树、樟树、紫檀、柚木等。由于它们常年保持绿色，观赏价值很高，也是景观绿化的首选植物。

景观环境元素的分解练习

　　乔木树冠较大，树干粗且粗糙，树枝隐藏在树冠之中，树枝不能全部显露出来，画时应注意树冠造型中的留白，间隙要有疏有密，切不可满画；树冠外形轮廓要高低起伏富有变化，前后要有层次。还要考虑树干、树冠的明暗关系，用笔要生动灵活，切不可呆板。对于大多数球状、伞状、锥状的树木，可以采取装饰的抽象画法，简洁明了，用笔要洒脱，不可拖泥带水重复用笔。用色要概括，表现图不需要像写生色彩一样画出复杂的明暗和色彩关系，只需要把简单的明暗和色彩关系表现出来即可，在统一中求变化。乔木的表现可以用水彩、马克笔、彩色铅笔、水粉表现均可，画时可适当运用笔触和利用水彩、水粉颜料的特点干湿结合，这样画完的画面效果生动有特点。

乔木手绘　　夏克梁

2．灌木

灌木没有明显主干的木本植物、植株比较矮小，其高度一般在6米以下，出土后就分枝，一般可分为观花、观果、观枝干等几类。常见灌木有铺地柏、连翘、迎春、杜鹃、牡丹、女贞、月季、茉莉、玫瑰、黄杨、沙地柏、沙柳等。

灌木相对乔木来说要低矮一些，往往成片成群，树干多细，常被人工修剪。灌木的手绘表现与乔木有一定的类似性，表现时应以简练的几何形为主，用笔要概括，能表现出主要的结构即可，也要注意树冠造型空隙的处理，以及树干与树冠的明暗关系、色彩关系。灌木的表现也可以用水彩、马克笔、彩色铅笔、水粉表现。

灌木手绘 夏克梁

灌木手绘 夏克梁

景观植物手绘

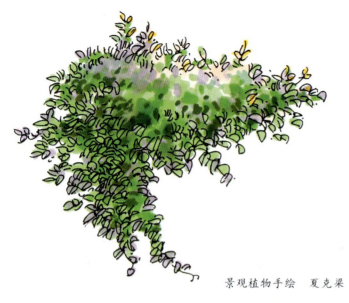

景观植物手绘　夏克梁

景观植物手绘　夏克梁

景观植物手绘　夏克梁

景观植物手绘　夏克梁

景观植物手绘　夏克梁

景观植物手绘

景观环境元素的分解练习

- 景观平面图、立面图、剖面图的练习
- 树木花卉的练习
- 天空与水景的练习
- 山石与地面的练习
- 建筑材料的练习
- 建筑与环境的练习

3．草坪与草丛

　　草坪与草丛多属于草本植物，植物的茎含有木质较少，茎多汁，较柔软。这种植物适宜人工修剪，常见的有足球场绿地、城市公园绿地、城市住宅区绿地、公共道路景观绿地等，这类植物在表现时比较适宜用明度高的色彩，用笔应简练概括，尽量下笔肯定，一气呵成，切不可拖泥带水，没有主次关系。画草地必须注意其大的明暗关系，表现出冷暖远近感，作画时可以适量加一些细部刻画，使画面虚中有实，层次分明，在必要的时候在草坪上可以概括地画一些小灌木的投影，这样可以增强画面的立体感。草丛与草坪的表现也适宜于水彩、马克笔、水粉、彩色铅笔表现，尤其是水彩的湿画法与马克笔表现为最佳，这两种画法熟练掌握后，画面效果会倍加生动明快，节奏感强。

景观环境元素的分解练习

- 景观平面图、立面图、剖面图的练习
- 树木花卉的练习
- 天空与水景的练习
- 山石与地面的练习
- 建筑材料的练习
- 建筑与环境的练习

三、天空与水景的练习

1. 天空

　　在风景写生中，天空的大小决定了画面的取景内容，同时决定了所要表达的主题，天空的色彩也是影响画面色调的重要因素，天空的颜色，云朵的走势、形状都能直接影响画面的意境，以地面景物为主的景观可以缩小天空的面积，天空面积小可以先画地面景物，再画天空，着色时可以适当采用局部留白的形式，把天空弱化处理，这样与地面深刻的描绘形成鲜明的对比，突出了主题。适合于水彩、水粉、彩色铅笔表现。以天空景物为主的景观可以缩小地面上物象的面积，描绘时地面加强刻画，色调要深，形成重色块，留出更大的塑造空间给天空，这时可以适当深入细致地刻画天空中的云朵，采用写实或写意描绘，使天空与地面形成对比，加强画面的空间感、远近感。天空毕竟是亮色调的，通常作为画面的背景出现，运笔时要灵活、轻松、随意，无论是线条描绘还是着色描绘都不易过于刻画，要根据画面的主题灵活把握，否则会抢夺视线，造成主题不明确。

2．水景

    水是生命之源，来自于大自然，是景观环境设计的重要的因素，象征着生命与活力。水有不同的表情，有壶口瀑布怒吼的水、有溪流缓缓流淌的水、有平静如镜的水，跳跃奔腾令人激动，平静如镜令人安宁，缓缓流淌给人舒畅，可见水是最具可塑性的景观设计元素。对于水景的描绘要根据画面的具体情况来定，要看画面所采用的表现手法。如果采用单线法，水景最好的处理手法是留白或少加线条刻画，不需要充分画出水的颜色，水的倒影。如果是线与明暗光影结合的画法，水景最好用线条画出水的倒影，反射天空处留白，这样黑白对比强烈，与整个画面的表现手法相协调，画面整体而统一。用颜色表现水面，水面颜色要考虑周围环境在水中倒影的色彩，还要考虑水面反射天空的颜色，在画时要多观察、多分析、多推敲。水彩、水粉、彩色铅笔、马克笔都可以去表现。

四、山石与地面的练习

1．山石

山石与地面也是景观设计表现的重要因素。不同地域山的形态也不同，北方的山形雄伟高大，山势险峻，气势恢弘；南方的山形高低绵延，灵秀多变。石头的种类也很多，南方、北方也各有特点，常见的景观石有太湖石、钟乳石、石笋、岩石、花岗岩、蘑菇石等，主要分布于水池湖边、道路边、绿茵林地、广场开阔地等，这些石头放置在景观园林中加强了景园的趣味性。描绘时需要抓住其特点，用不同的线条、笔法、色彩去表现。可以借鉴传统的山水画法，运用山石的皴法加以描绘，如"斧劈皴"、"披麻皴"、"雨点皴"，用毛笔的侧锋表现更佳，能够充分地表现出山石的结构特点。也可以用水彩、彩色铅笔与钢笔结合的钢笔淡彩的方法。这种方法快速、便捷，画面效果简洁明快。作画时先用钢笔刻画出山石的轮廓和山石的内部结构，在用色彩把山石的走势、明暗关系与色彩关系进行有序的深入，塑造时要合理运用点线面、黑白灰的关系，会增强画面的节奏感、韵律感、真实感。只有这样，作品才能真实地再现自然场景。

景观山石手绘　夏克梁

景观山石手绘　夏克梁

2．地面

　　地面的概念很广，基本上包含了地球表面的各种物质形态，如山川河流、城市、城市广场、乡村，各种道路、绿地、沙石滩、沟壑等。景观设计包含了自然景物与人工景物，都是以地面为载体，景观表现也就是地面自然景物与人工景物的表现，所以绘制景观图时地面景物处理得是否得当对于作品成败非常关键，因为地面的形态复杂，所占画面面积大，处理起来有一定的难度。地面的表现方法很多，具体怎样表现要根据景观设计的具体场景的实际情况而定。要运用流畅生动的笔触和丰富的色彩描绘树木、花草、沟壑、石头、道路等，切忌不能孤立地刻画每一景观要素，要有主次和虚实关系，要考虑画面整体的黑白灰关系，要通过疏密、主次、明暗的对比加强画面的层次感、远近感。

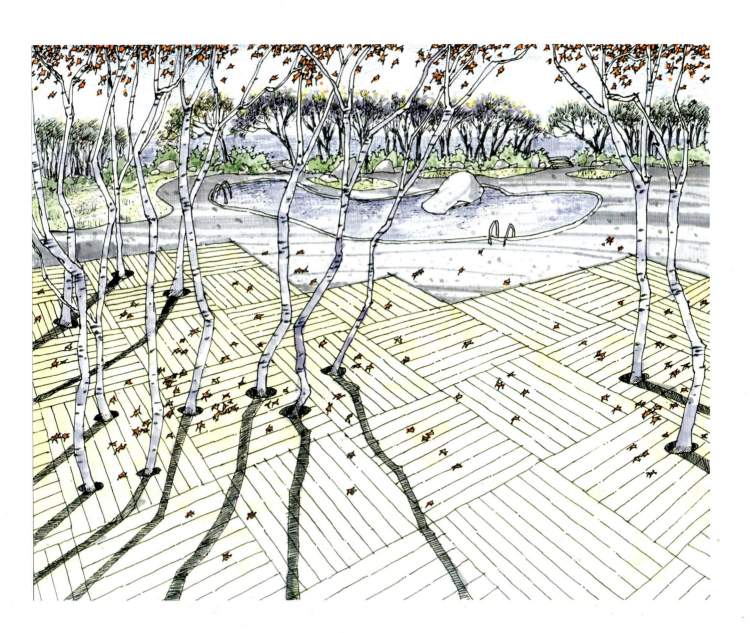

景观手绘　娇克华

五、建筑材料的练习

众所周知，材质是景观设计的主要因素。随着高新技术的发展，现代景观、建筑材料的种类和性能愈来愈多，人们对自然材料和人工材料的应用，都达到了前所未有的高度，为景观的设计提供了物质基础。时下景观材质的种类比较多，各种材料都有其自身的特性，设计时要充分地了解和认识材料的特性，这样才能灵活运用材料去创造完美的空间形式。常用的景观材料主要包括：石材、木材、金属、玻璃、水泥、砖、瓦片、涂料等。石材的特性：石材质地硬、强度高，色彩和纹路美，持久耐用是景园建筑中最具魅力的材料之一。

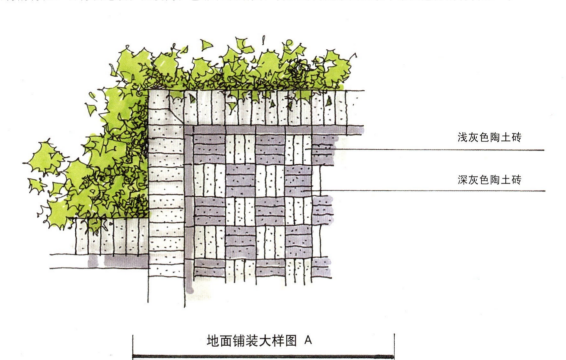

浅灰色陶土砖

深灰色陶土砖

地面铺装大样图 A

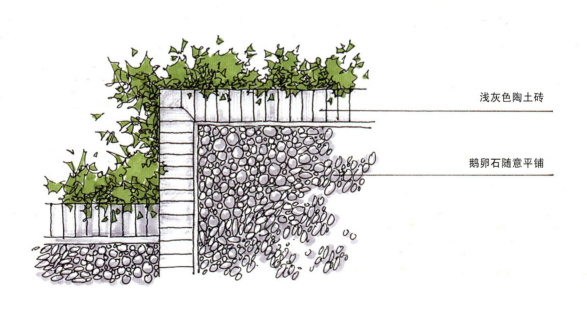

浅灰色陶土砖

鹅卵石随意平铺

地面铺装大样图 C

景观环境元素的分解练习

- 景观平面图、立面图、剖面图的练习
- 树木花卉的练习
- 天空与水景的练习
- 山石与地面的练习
- 建筑材料的练习
- 建筑与环境的练习

木材的特性

　　木材材质轻、强度高、韧性好、纹理美、耐抗压、绝缘性强等具有其他材料无以替代的优越性，特别是木材纹理的美感，给人以柔、温暖、自然、质朴的感觉。被更多人们所喜爱。混凝土的特性：混凝土的原料来源丰富、价格也低、淳朴、不张扬有良好的可塑性和适应性，通过加工可以形成各种各样的造型。混凝土不同的表面处理可以给人不同的感受，但基本还是淳朴和端庄的效果。玻璃的特性：玻璃材料具有透光、减少噪音、控制光量、隔热、节能、环保、具有拓展空间等多功能作用。由于玻璃的种类繁多，功能的不断增强，在景观设计中被人们所喜爱。金属材料的特性：金属材料具有较高的强度，韧性高、可塑性强，可以焊、铆，能够根据需要制成各种形状。这些性质使金属材料看起来富贵华丽，是其他材料所不及的，在景观、建筑、室内设计中发挥了重要的作用。陶瓦、瓷器的特性：陶瓷类材料在当今建筑装饰中应用较多，其质地比较坚硬、耐磨、不吸水，因瓷器表面有釉，所以光洁度高，颜色丰富多彩，用陶土地砖铺垫路面，施工简便省力，而且效果美观大方。涂料的特性：涂料是以高分子合成树脂为主要成膜物质，涂料具有防护、防锈、防腐、防水等性能。

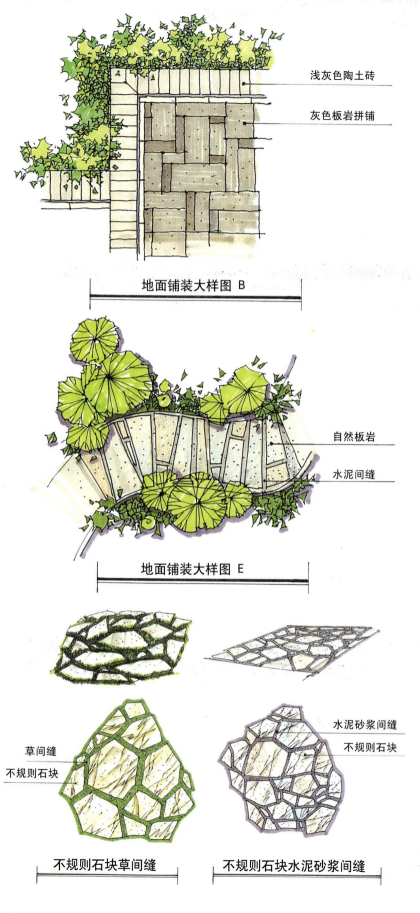

浅灰色陶土砖

灰色板岩拼铺

地面铺装大样图 B

自然板岩

水泥间缝

地面铺装大样图 E

水泥砂浆间缝

不规则石块

草间缝

不规则石块

不规则石块草间缝

不规则石块水泥砂浆间缝

景观小品手绘

总之，每一种材料都有它自身的特性和质感，需要设计师认真去体会、去研习，总结出规律性的东西，合理地运用到景观设计表现之中。在景观设计表现时，要真实地表现出材料的质感、色感，材料表现准确与否，关系到设计效果图的成败。所以景观设计师要对材料引起足够的重视。

Watercolor

Study of light within an interiorspace

designed by the artistprivate collection

Prudential Redevelopment Shopping Arcade Boston,MA

景观环境元素的分解练习

- 景观平面图、立面图、剖面图的练习
- 树木花卉的练习
- 天空与水景的练习
- 山石与地面的练习
- 建筑材料的练习
- 建筑与环境的练习

六、建筑与环境的练习

  建筑的式样很多，古今中外的建筑风格各异，上古时期、中古时期、近代建筑、现代建筑、后现代建筑，每一个时期的建筑都有各自的特点，都体现着当时的人类文明，体现设计师的情感思绪。一幅好的手绘就应该表达出建筑的形体结构、建筑的空间关系、建筑的风格、建筑的材料、建筑的色彩、建筑的精神。建筑大多数是几何形的特征，在描绘时应把握建筑的主要特点，运用透视原理，详细地刻画出建筑的体面转折、明暗关系、色彩关系，特别要注意建筑细节的表达。如建筑的墙体、门窗、瓦片、柱子、屋顶等，细部的描绘在建筑绘画中非常重要。建筑中没有细节，画面就会显得空洞。所以进行建筑细部描绘，可以使画面更生动，更具有实用性，起到了解建筑、解剖建筑、为设计师收集设计素材的功效。线条的运用应根据建筑物的特点选择，可采用单线法、明暗法、线与明暗结合的方法。具体的方法取决于作者的兴趣，没有固定的模式。

小树林景观手绘

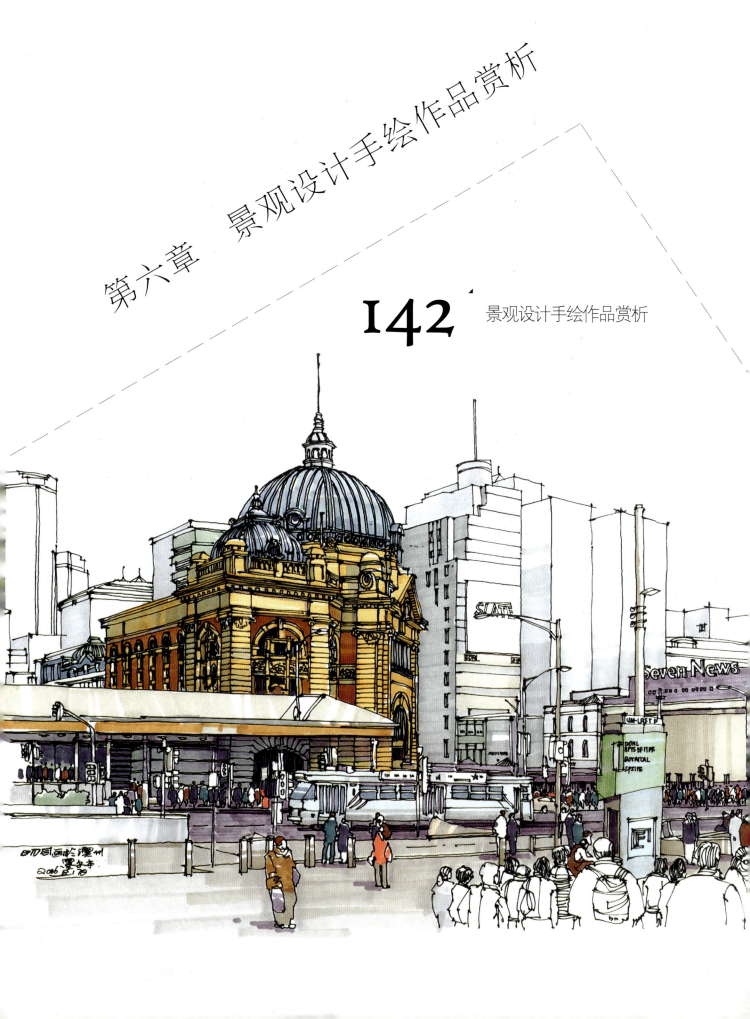

浙江桐乡　乌镇　李明同

浙江桐乡 乌镇 李明同

浙江桐乡 乌镇 李明同

浙江桐乡　乌镇　李明同

江西婺源　李坑　李明同

院落景观手绘　李明同

院落景观手绘 李明同

校园景观手绘　李明同

院落景观手绘　李明同

城市公园景观手绘　李明同

城市公园景观手绘　李明同

城市公园景观手绘　李明同

城市公园景观手绘　李明同

城市公园景观手绘　李明同

会所景观手绘　李明同

城市公园景观手绘　李明同

滨海景观手绘　李明同

城市公园景观手绘　李明同

城市公园景观手绘　李明同

城市公园景观手绘　李明同

校园景观手绘　李明同

城市景观手绘 李明同

城市公园景观手绘 李明同

中心小区景观平面草图 1:75

中心小区景观平面手绘 李明同

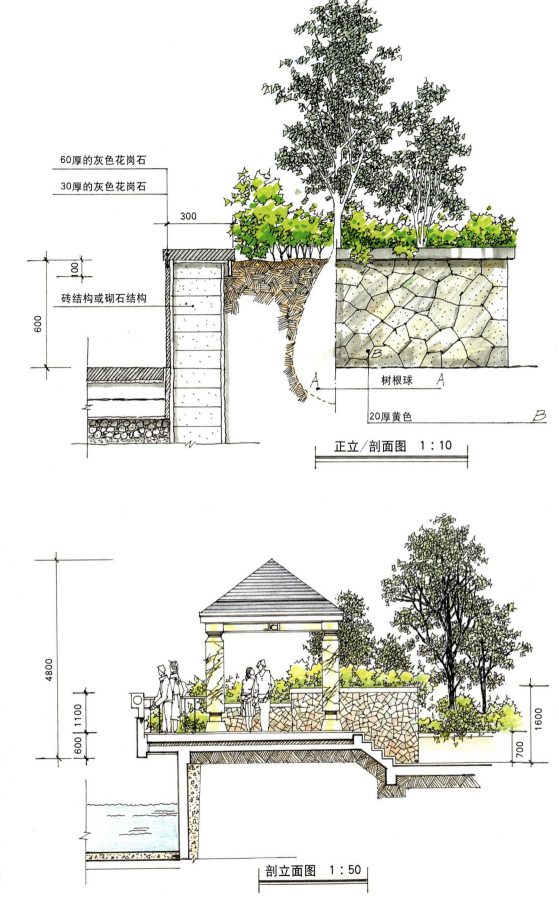

60厚的灰色花岗石

30厚的灰色花岗石

300

100

砖结构或砌石结构

600

树根球 *A* *A*

20厚黄色 *B*

正立／剖面图　1：10

4800

1100

600

1600

700

景观节点剖面图手绘　李明同

剖立面图　1：50

凤栖苑景观手绘　矫克华

凤栖苑景观手绘　矫克华

北京齐鲁苑景观手绘　矫克华

北京齐鲁苑景观手绘　矫克华

北京齐鲁苑景观手绘 矫克华

院落景观手绘 李明同

校门景观手绘　李明同

| 3000 | 3000 | 3000 |

围墙立面大样图　1：50

Limingtong 绘
2010.7.25日

学校围墙立面大样设计手绘　李明同

杭州景观手绘　李明同

城市小区景观手绘　李明同

景观手绘　夏克梁

景观手绘　夏克梁

景观手绘　夏克梁

景观手绘　夏克梁

水粉手绘表现　夏克梁

水色手绘表现　夏克梁

山西民居景观手绘　李明同

乔木手绘　李明同

参考书目

THE ART OF ARCHITECTURAL ILLUSTRATION, Copyright 1993 by Resource World Publications,Inc. and Rockport Publishers,Inc.